自衛隊最強の部隊へ

—FTC 対抗部隊編

TRAINING EVALUATION UNIT

Futami Ryu

二見 龍

誠文堂新光社

御殿場から富士演習場方向を望む

FTC訓練に参加する隊員へ「40連隊に戦闘技術の負けはない」を訓示中の連隊長（著者）

FTC訓練開始前、バトラーのディテクターを装着した馬場中隊長による状況報告

小倉駐屯地内市街地訓練場で89式小銃の電動ガンにより射撃訓練を行う馬場中隊長

84ミリ無反動砲（個人携帯用
対戦車火器カールグスタフ）（画
像：陸上自衛隊HPより引用）

連隊のスカウトインストラクターから偵察訓練を受ける各中隊の偵察要員

偽装（カムフラージュ）の訓練を行うスカウト隊員

目標の状況、弾着の確認・修正を行う「火力要求」の訓練を行っている隊員

偽装網でカモフラージュした120mm重迫撃砲の実弾射撃

富士演習場内を移動する車列

駐屯地の近くに所在する訓練場において、接敵行進訓練を視察する連隊長（著者）

1-8606

門外不出のFTC部隊のコイン

はじめに

「本日、私は、ＦＴＣ部隊および陸曹を代表し、ＦＴＣ部隊以外には一度も渡したことのない門外不出のメダルを隊員の総意で渡しにまいりました」。富士トレーニングセンター（通称「ＦＴＣ」）副隊長の挨拶が始まりました。

この日は、東部方面混成団主催による有志によって開催された私の陸上自衛隊退官パーティーでした。北九州市小倉に所在する第40普通科連隊時代の多くの同志や日本各地で苦楽をともにした仲間が集まりました。久し振りに会った仲間たちと固い握手を交わし熱く語りあっていたときに、サプライズゲストとして登場しました。

ＦＴＣの副隊長が話し始めたとき、場内が一瞬で静かになりました。なぜなら、打倒ＦＴＣを掲げた40連隊と激戦を繰り広げたＦＴＣ部隊の副指揮官だったからです。

張りつめた空気の中、スピーチが始まりました。

まず、なぜ退官パーティーに参加したかを、ゆっくりとした口調で話し始めました。10年の歳月が経ち、20回以上の人事異動を経て当時のＦＴＣの隊員がほぼ入れ代わってしまった今でも、ＦＴＣ部隊と激戦を繰り広げた第40普通科連隊と連隊長について語り継がれていることを、このとき初めて聞きました。

ＦＴＣ副隊長は、現役の隊員や元ＦＴＣの隊員、特に陸曹の強い要望により、メダルの授与と、当時の激戦の様子を語るために、わざわざ富士から退官パーティーへ参加してくれたのです。ステージに立ったＦＴＣ副隊長が、やや緊張しているのがわかりました。最初は、当時の40連隊の主力メンバーが揃っていてプレッシャーがあるからだと思いましたが、そうではなく、ＦＴＣ部隊代表としてＦＴＣ隊員の言葉をしっかり伝えなければならないという使命感がそうさせていたのだとわかりました。

彼は、ひと言ひと言噛みしめるように40連隊とＦＴＣとの死闘について語り始めました。

「40連隊との戦いを、私たちＦＴＣは忘れることができません。無敗のＦＴＣが初めて敗北するかもしれないという状況に追い込まれたからです。コントロールセンター（ＦＴＣ訓練全般の統制を行う施設）では、初めて敗北のおそれが濃くなり、全員、顔色を失ったと、当時のメンバーが後輩に語り継いでいます。

　最初の重迫撃砲の射撃で、対戦車ミサイルの分隊長が戦死して発射機を使えなくなり、40連隊の戦車を有効に止めることができなくなってしまいました。斥候からの正確な射撃要求によってＦＴＣ部隊の射撃指揮所が破壊され、射撃統制将校が戦死して１２２ｍｍ榴弾砲の射撃ができなくなったのは初めてのことでした。

　今まで一度も戦死したことのない狙撃手が仕留められたときは、皆、顔が引きつったそうです。実戦的訓練を積み重ねているＦＴＣ部隊がやられるということは、40連隊がＦＴＣ以上の実戦的訓練を行っていたことを意味します。40連隊との戦闘のために、我々ＦＴＣ部隊もかなりの訓練を積み重ねてきたからです。

　訓練終了後、40連隊とは、純粋に戦闘技術を磨きながら、日々、強さを追求している仲間として互いを認識するようになりました。これを機に、ＦＴＣの隊員はより厳しい訓練を行うようになりました。次に40連隊と戦うときは、さらにレベルを上げてくると思い、皆、打倒40連隊を目標にしたからです。この部隊を作り上げた指揮官に敬意を表します」と話したのち、ステージ上でメダルを授与してくれました。

「このメダルは、ＦＴＣの隊員には渡すことはありますが、ＦＴＣの幹部には今まで一度も渡したことがない」とも話してくれました。

ＦＴＣからのメダル授与は、最大のサプライズであり最高の贈り物でした。私の中で、当時の戦闘の記憶が高速で現れては消えていきました。と同時に、熱い思いが込み上げてきました。それを必死にこらえ、笑顔でメダルを頭上に掲げました。

本書は、当時のＦＴＣ対抗部隊との熾烈な模擬戦闘を記録したものです。この戦いは、ＦＴＣ部隊だけではなく、当時ともに汗を流した40連隊のメンバー全員が、一度も忘れることのできないものでした。10年以上経ってもなお鮮明に覚えており、機会あるごとに当時のメンバーが集まると、ＦＴＣとの戦いの話で盛り上がります。それだけ、深く記憶に残る戦いだったのです。

目次

第1章

ついにやってきた
無敗の敵との戦い

富士トレーニングセンター（ＦＴＣ）を打ち破る40連隊の戦法

「次は、御殿場駅です」

突然、電子音と女性の機械的な声により、目を覚ましました。夢か…ＦＴＣとの激しい戦いの夢を見ていました。

御殿場駅のバス停に到着してステップを降りると、富士の清々しいキリッとした空気に包まれました。胸いっぱい澄んだ空気を吸い込み、気分を切り替えると丹田の辺りから徐々に力がみなぎってくるのがわかりました。

「異状ありません」と河野副官がいつもの笑顔で迎えてくれました。誘導されてパジェロに乗り込み、「北富士駐屯地へ向かいます」という言葉とともに、出発しました。相変わらずの手際の良さと、てきぱきとした動作に触れた瞬間、スッと気持ちが前向きになりました。さすが副官です。

「部隊の状況は？」と確認し、副官の説明を聞いている間に駐屯地に到着しました。

戦闘服に着替え、早速、40連隊増強中隊指揮所へ向かいました。部屋に入ると、そこには馬場中隊長１人がいるだけでした。指揮所には増強中隊の主要メンバーが揃っていると思っていたので、「あれ？」という感じでした。戦闘前の激励ができればいいなと思っていたのですが、なんだか空振りさせられた気持ちです。

馬場中隊長はこの夜から戦闘行動が始まるため、すでにバトラー（戦闘交戦装置）を装着していました。

「中隊は予定どおり行動をしています。30分前に主要メンバーによる最後の詰めが終了したので解散し、現在、最終的な準備とチームごとのミーティングを行っています」と静かな口調で報告をしてくれました。

「中隊長、今回の作戦について説明してくれ」と言うと、斥候の派遣、主力の前進、ＦＴＣ陣内への潜入要領、ターゲティングについて説明を始めました。

彼の作戦は、すべての行動に予備手段が準備されており、敵の対抗策を封じ込めながら、ＦＴＣ部隊の戦力を削り、確実に撃破するという内容でした。一度噛みついたら敵を確実に破壊するまで離さないという戦闘を得意とする馬場中隊長の戦い方でした。

「漏れがないね。あとは隊員がそのとおり動けるかどうかだな」と言うと、

「みんな、やってくれると確信しています。必ずＦＴＣを倒します。今回の任務をいただき感謝いたします」という馬場中隊長の声を聞き、

「楽しいことができていいね」と返すと、
「ありがとうございます」と敬礼をして、最終的な準備を進めるために作戦室を出ていきました。次に、彼と会話を直接できるのは、戦闘終了後になるため、退出する彼の背中に「馬場、40連隊に戦闘技術の負けはない。わかっているな。頼むぞ」と心の中でつぶやきました。戦闘が始まった瞬間、ＦＴＣは、馬場中隊長はかなり手ごわく、多くの損害を出さないと倒すことができない相手だと知ることになるでしょう。彼が、対ＦＴＣの作戦を本気モードで練り上げているのです。どのような展開になるのか、ワクワクしてきました。

　ＦＴＣの対抗部隊は、部隊編成以来、全国の普通科連隊から送り込まれてくる増強普通科中隊を相手に、戦闘を行っています。実戦的な戦闘訓練を繰り返しながら、上手く対応できなかった部分を速やかに修正し、弱点を解消しながら成長を続けてきました。

　斥候を全滅にして部隊の目を奪い取り、情報を収集できない状態にしてしまう「斥候狩り」、砲迫火力を指向する「追尾斥候（部隊の動きに密着し、情報の収集と火力要求を行う斥候）の運用」、地雷原などの障害処理を行う「施設部隊の撃破」など、ＦＴＣが得意とする戦い方を、訓練を積み上げ、さらに磨きをかけているはずです。

　ＦＴＣは、各地からやってくる訓練部隊とは比較にならないほど実戦的な訓練の量をこなし、ＡＡＲ（アフター・アクション・レビュー：振り返り）により行動の最適化をし、できなかったことをできるようにする訓練を繰り返し行いながら進化していることは間違いありません。

さらに、各地からやってくる訓練部隊は、北富士演習場の地形に慣れていません。一方、ＦＴＣにとって北富士演習場は地形の特性を知り尽くしたホームグランドであり、庭ともいえます。この状態で戦わなければならないことを考えれば、同程度の力ではＦＴＣに勝利することは難しいでしょう。もしかしたら、1.5倍、いや、２倍の力の差がなければ倒すことはできません。

40連隊がＦＴＣとの戦いに勝利するためには、ＦＴＣの指揮統制システムを混乱させ、もしくは不能にさせることが必要不可欠だと考えました。指揮統制システムを機能不全に陥らせるためには、指揮所の破壊または指揮官の戦死による「指揮機能の破壊」、報告・指示を支えている通信所、中継所の破壊による「通信機能の破壊」、火力を発揮するための戦場監視要員、ＦＯ（前進観測幹部、特科火力を前線で要求・誘導する要員）、対戦車ミサイル部隊分隊長、潜伏斥候、追尾斥候の撃破や、射撃全般をコントロールする射撃統制所の破壊等、「射撃機能の破壊」を行うことによって、指揮統制システムを引き裂く必要があります。

ＦＴＣに見つかることなく、火力によって損耗を与えて防御システムを弱体化させること、個々の戦闘や塹壕戦に勝利するためのＣＱＢ等の高い戦闘技術によって勝ち抜かなければなりません。

戦法を完成させるには時間を要するため、ＣＱＢ・スカウトのレベルの向上を進めながら、戦法を同時進行でつくり上げました。

「ターゲティング」と「ＬＲＲＰ」を40連隊の戦法として確立し、コンピューターシミュレーション訓練、実動訓練を積み重ねてきました（詳細は『自衛隊最強の部隊へ――戦法開発・模擬戦闘編』参照）。

その中心となって活躍してきた第1中隊長の馬場3佐を、ＦＴＣに参加する増強普通科中隊長としてＦＴＣへ送り込むことにしました。

馬場中隊長は、ＦＴＣの戦闘重心を破壊し機能不全に陥らせてしまうための新たな戦法を使いこなすことのできる人物です。常に冷静で用心深く、簡単にやられてしまうような男ではありません。確実に目的を達成するタイプの馬場中隊長は、ＦＴＣの得意な戦法を無力化させるか、あるいは封じ込め、有利な態勢を確保してＦＴＣを撃破することができるでしょう。

ＦＴＣコントロールセンター内の空気

馬場中隊長からＦＴＣを撃破する作戦の説明を受けたのち、先乗りしていた3科長の石田3佐と合流し、ＦＴＣコントロールセンターへ向かいました。コントロールセンターへ入ると、全体がよく見える場所に、責任者であるＦＴＣコントロールセンター長の姿がありました。「40連隊長です。今回、よろしくお願いします」と挨拶すると、コントロールセンター内に勤務していた要員は、こちらを振り向いて強い視線を投げかけることもなく、淡々と訓練準備をしていました。

しかし、室内は緊張感で溢れていました。こちらを向くことはありませんでしたが、背中から「来たな40連隊」という雰囲気がメラメラと出ていることを肌で感じられました。ＦＴＣの対抗部隊だけではなく、センター内全員が今回の戦いのために準備をし、待ち構えているということを、入った瞬間に理解できました。明らかに、ＦＴＣは待ち構えていて本気モードでした。

かなりシビアな戦いになること、技のかけ合いになり、受けと反撃の連続になること、集中力と心の安定を欠いたら崩されることを感じ取りました。

　センター長へ「ＦＴＣの訓練の統制を遵守して訓練に臨むよう部隊に話をしています」と、正々堂々、ルールに基づき無茶なことをしませんということを誓いました。そして、力と力のぶつかり合いをしましょうという意思を伝えました。

「コンピューターシステムの稼働時間の制限はあるが、統制は基本的にかけないので自由に思い切ってやってもらいたい」と、センター長は力と力の勝負を約束してくれました。流石です。同時に、その言葉から相当な訓練を積んできたことがわかりました。

　センター内のメンバーは、目の前の操作卓を見て作業をしていましたが、センター長との会話に聞き耳を立てているのが手に取るようにわかりました。当然、センター内の隊員の様子からも、ＦＴＣが一丸となって訓練を積み上げてきたことを感じ取りました。

　センター長が後ろを振り向き、にこやかに話し始めました。

「訓練実施上危険ではないレベルの部隊には前日の夜に斥候派遣許可を出すが、40連隊はどうかな」と、柔らかい表情で提案してくれました。

「ありがとうございます。作戦の指揮を執る中隊長に判断させたいと思います」と答えました。

　斥候を夜から派遣できれば早期に情報入手が可能になり、早朝の主力出発から砲迫火力の発揮が可能となります。2個組を出せるということでしたら、乗らない手はありません。スカウトの訓練を積んだ斥候をＦＴＣの防御地域内に潜入させられれば、ターゲティング戦法を有利に展開できるからです。

　コントロールセンターからはすでに馬場中隊長へ、斥候派遣の有無についての打診が行われていました。間もなく、センター長から「馬場中隊長は斥候派遣を決心したよ」と言われました。お礼を言った後、斥候を戦場へ派遣するまでには時間の余裕があるので、石田3科長と夕食に行くことにしました。石田3科長は、周りを見回して関係者がいないことを確認してから、

「ＦＴＣの防御準備の段階から、40連隊の得意とするターゲティングをかけるチャンスをセンター長が提案されたのは凄いことです。驚きました」と鶏のカラ揚げを頬ばりながら話し始めました。

「40連隊に有利なことをさせてくれるＦＴＣの心の広さに感動しました」と続けて話しました。

　首を縦に振りながら、馬場中隊長はスカウトのＳクラスを出すのか、Ａクラスを出すのか、どちらを選択するかなと考えていると、斥候の行動開始の時間が近づき、センターへ戻るこ

とにしました。

センター内の席に着き2時間もしないうちに、「40連隊斥候1個組戦死」とセンターの要員からセンター長へ報告がありました。

「スカウト訓練を積んでいるうちの斥候がやられるのは珍しいことです」と、石田3科長は、何か手違いがあったのではないかと悔しがりました。

行動を開始した斥候は、スカウトのＡクラスのメンバーでした。彼らがこんなに簡単にやられたこと自体考えられないので、ＦＴＣが偶然上手く対応できたのか、地雷のワナ線をひっかけたのではないかと思いました。

さらに1時間後、「40連隊の斥候2名戦死」の報告がありました。このとき、やっと気づいたのです。「しまった！　油断した。ＦＴＣの策にはめられた。まずいことになるぞ」と。

センター長がこちらを振り向き「40連隊の性能の高い斥候4名がやられたな」と口元が一瞬ニヤッとしたのがわかりました。最初から、斥候狩りの完全な態勢をとり、綿密な網を張り巡らしたうえで、夜に2個組を出すか、と誘われたことを理解したのです。ＦＴＣの斥候狩りの網は、地の利を生かし、スカウトのＡクラスも通さないように仕上げていたということがわかりました。

「これはかなり厳しいです」という石田３科長の言うとおりでした。

馬場中隊長がこの状況を正しく認識し、明朝、主力に先立って出発する斥候の行動を修正しなければ、同じことが起こってしまうからです。そうなると、主力の前進は、敵の情報を得ることができない状態での行動を余儀なくされてしまいます。

なんと、本格的な戦闘が始まる前に、情報戦で、ＦＴＣから強烈な一撃を受けてしまったのです。明日の朝の馬場中隊長の行動によっては、一挙にＦＴＣの勝利に傾いてしまうおそれが出てきたのです。戦闘は、迅速な修正と切り返しによって苦境を乗り越えることができますが、斥候を失ったということは、情報収集ができなくなる以上の大きな危険があるということを意味しているのです。

斥候が装備している無線機をＦＴＣにろ獲（奪われる）され、相手がそれを使用できる状態であれば、情報に関する無線通話内容がＦＴＣに筒抜けになってしまうからです。馬場中隊がどのような情報を収集し、斥候をどのように動かそうとしているか、ＦＴＣ部隊がすべて確認できるので、これに馬場中隊長が対処しなければ、これからの全ての戦闘でＦＴＣに裏をかかれてしまいます。対応次第では、致命傷になるどころではなく、この時点で勝負ありとなってしまいます。

戦闘開始の前日に斥候2個組を出す利点ばかりを考えていましたが、欠点の分析とＦＴＣの能力分析が甘かったため、戦闘が開始される前にＦＴＣに主導権を握られ、戦闘全般に大きな影響を受ける状態になってしまったのです。まだ戦闘が始まっていない前日であるにもかかわらず、「負け」の文字が脳裏をよぎりました。かなりまずい状態になったわけです。

ＦＴＣは、想像以上にパワーアップしていました。

column-❶

馬場中隊長との後日対談

連隊直轄斥候を失った代償

馬場　最初の段階で、大きなミスをしてしまいました。ＦＴＣが出してもいいとあまり言うので、本来出す予定ではない斥候を連隊直轄斥候という形で出したことでした。

二見　２組でしたね。

馬場　そうです。すぐ捕まってしまいました。やられました。斥候は捕虜になった場合、情報系の周波数は、ＦＴＣが把握し傍受できるようにすることがわかっていたので、斥候が捕まったら周波数を変更するということを全員に徹底させていました。しっかり訓練も積んできました。

二見　そうだよね。それなのに周波数変更をしなかった。

馬場　しばらく周波数変更をしませんでした。予備周波数で良い状態の通信を維持できるかということと、斥候が潜入しているので、無線が入らないところで周波数変更をした

※この後日対談の各コラムは『二見龍レポート＃10 FTCとの戦いを現地指揮官と振り返る』の内容を抜粋・再編集したものです。

場合、混乱すると考えたからです。そのときに変えようかどうか迷いました。

二見　ＦＴＣの本部は情報系を傍受していて、ターゲティングで座標が流れるとその位置にいる分隊へ「４００ｍ下がれ！　砲弾が数分以内に落ちるぞ」と指示を出し、部隊を事前に避難させていました。また、「戦車、今ＡＴＭに狙われている！　後ろへ戦車下がれ」というやり取りをしていて、戦車が避難行動を何回もとっているうちに、戦車がほんとに故障して動かなくなってしまったという、プラスの効果はありました（笑）。判定は、戦車撃破でした。

馬場　故障したというのは聞きました。

二見　周波数変更して、またすぐに戻していました。たぶん通信の状態が予備周波数では良くなかったようでした。元の周波数に戻すと無線が通じるが、敵も傍受できてしまい、ターゲティングが恐怖だったので、ターゲティングで座標が読まれた瞬間、部隊は避難していました。避難できていなかったら、相当仕留められてたはずでした。

　そう考えると、連隊直轄斥候を出すのはまずいと思います。ＦＴＣの罠にはまったということでしょうか。

馬場　いらなかったですね。連隊は当然、斥候を出すので出してしまったのですが、連隊直轄斥候として訓練を積んでいない中隊の隊員では、結果が見えていました。しかし、もっと考えていれば、逆に間違った周波数を敵に与えることによって混乱させる、というようなものを仕込んで出しても良かったと思います。少し安易に乗ってしまいました。

二見　あっという間に捕まったので、ＦＴＣも相当に策を練っていたと感じました。しかし、あまりにもすぐに捕まってしまったので、彼らは斥候の訓練をしてないのかと思ってしまいました。ＦＴＣは、情報系の周波数を入手できたので、これでターゲティングを無力化できると喜んだことを覚えています。

馬場　地図に作戦図を描くことを絶対に禁止しました。「地図はすぐ埋めろ。捕まったら埋めろ」とこれだけは何とかやったので、中隊の動きを掴まれることはありませんでした。

column-❶

馬場中隊長との後日対談　連隊直轄斥候を失った代償

第2章

戦いは1年前から始まっていた

他連隊を支援する形で40連隊の隊員を送り込む

話を1年前に戻します。

ＦＴＣのコントロールセンターで戦闘を何回も見ている私は、ＦＴＣの強さや、どこまで訓練レベルを上げて実力を付けなければならないか、イメージを持つことができます。加えて、北富士演習場でＦＴＣが仕掛けてくる戦闘要領を直接確認し、ＦＴＣに関する情報をアップデートすることができます。

しかし、実際に戦闘訓練を行う隊員には、その機会がありません。隊員がＦＴＣの実力や戦い方を知らないと、極めて不利な戦いになることは明白です。ＦＴＣは、陸上自衛隊の戦い方を熟知しており、その上で対抗策を講じてくるからです。

もし、ＦＴＣの訓練に40連隊の隊員が参加できたら、戦闘に関する多くの教訓やデータの収集が可能になります。そうなれば、ＦＴＣと40連隊との戦闘における分野別のレベルの比較・評価ができ、隊員は、何を強化すべきか、いかに弱点を克服すべきかが具体的に見えてきます。自分たちの目と身体で直接経験する価値は絶大なものです。

さらに、ＦＴＣが用いる戦法に関して大量の研究材料を把握することによって、ＦＴＣが得意とする戦法を自由に使わせないための「戦法封じ」も、対抗策として開発可能となるわけです。

北九州市小倉に所在する40連隊は、通常、九州内の演習場で訓練を行っており、ＦＴＣの訓練場である北富士演習場を使用することは稀です。山と谷によって地形上の凹凸が多い九州の演習場と、地形上の凹凸がなく制高点もほとんどない北富士演習場とでは、大きな違いがあります。さらに、北富士演習場は、等高線が複雑に入り組んでおり、通常の等高線の見方では地形を読みにくい特性があるのです。そのため、ＦＴＣ訓練を行う北富士演習場地域は、九州の演習場とは大きな違いがあり、自分の位置も正確に把握しにくい地形特性を有することを体験しておく必要がありました。

このためにも、一部の部隊だけでも40連隊の隊員にＦＴＣを経験させる機会はないかと、考えていました。すると、願ってもないチャンスが巡ってきました。

ＦＴＣへ参加予定の師団内の普通科連隊が、各種業務が集中してしまい、独自に増強普通科中隊を編成できない状態が発生したのです。師団は、急きょ、ＦＴＣ参加部隊へ、師団内の普通科連隊から支援要員を出す指示を発したのです。

絶好の機会を逃す手はありません。石田３科長に

「他の連隊で人員を出す動きはあるのか」と確認すると、

「どこの部隊も行事が立て込んでいて忙しいようです。というよりも、出す意思がないようです」という返事が返ってきたので、

「施設作業小隊（地雷や鉄条網などの障害を処理する機能を有する部隊）や対戦車小隊（戦車や装甲車を撃破する対戦車誘導弾を有する部隊）、重迫小隊（１２０ｍｍ重迫撃砲を有する部隊）だけでなく、斥候や普通科小隊（歩兵部隊）でも何でも出すと師団に答えて、うちの多くの隊員がＦＴＣ訓練を経験できるように調整を進めてほしい」と言うと、

「チャンス到来ですね。優先順位をＦＴＣ訓練に切り替え、受け入れ部隊が断るまで出します」と3科長はすぐに連隊長室を出ていき、3科の執務室に戻りながら、

「ＦＴＣ優先に切り替える。中隊の運用訓練幹部は全員集合だ。すぐ手配しろ！」と指示している声が聞こえてきました。やる気満々です。

しばらくすると、少し興奮気味の3科長が部屋にやってきました。なんと、訓練に参加する部隊と同人数に近い隊員を受け入れてもらえたとのことでした。

「よく普通科小隊規模を受け入れてくれたな」と聞くと、

「1個小銃小隊丸々40連隊だと目立つので、各小隊に1個分隊を入れてもらうように話した

ら、ＯＫをいただきました。うちの分隊が情報収集のために敵陣内へ入っていくことも了解していただきました」と、予想を超える調整結果でした。

ＦＴＣ訓練に参加する部隊長へ、すぐにお礼の電話を入れました。

「40連隊長です。今回のＦＴＣ訓練に多くの隊員を参加させていただき感謝いたします」と言うと、

「君のところの3科長が『各小隊へ1個分隊入れさせてほしい。ビックリするような大暴れをするから』と、うちの科長に食い下がるので、その気迫に押されて、了解してしまったよ」と言われ、結構強引にねじ込んだことがわかりました。

「各小隊に入れていただいた1個分隊は、情報収集活動として陣内へ入る行動をしたいと思いますので、ＦＴＣ側との調整をよろしくお願いします。ＦＯ（特科火力を前線で要求・誘導する要員）以外の例えば、分隊からの射撃要求は、可能でしょうか」と確認すると、

「情報活動についてはなんとかするよ。分隊員からの射撃要求は、うちではやっていないから難しいかもしれない」と返事が返ってきました。

これで、陣内へ深く潜入するＬＲＲＰの行動が可能となり、ターゲティングは使用できないことがわかりました。

「あと、うちの各分隊に夜間戦闘をさせて下さい。コンバットライト（強い光をピンポイントで照射できる懐中電灯）を使用した戦闘をＦＴＣに仕掛けたいと思います」と許可を求めると、

「普通、夜間にライトを使うのはタブーだぞ。大丈夫か」という返事でした。

当時は、夜間にライトを使用して戦闘することは考えたこともない時代だったので、当然といえば当然です。

「また何か考えているんだな。わかったよ。協力してＦＴＣに一泡吹かせよう」と先輩部隊長に許可をいただきました。

訓練統制も制限戦争の一部と捉える

ＦＴＣの訓練に参加すると、訓練部隊には、訓練終了後のＡＡＲ（アフター・アクション・レビュー）のための検証や部隊の行動を記録するためにＦＴＣの幹部（ＯＳと呼ばれる）が同行します。ＯＳは他に、訓練部隊の安全確保や、部隊が教範に記述されている範囲で陣地攻撃を行えるように必要な統制を行います。

この必要な統制が曲者でした。斥候がＦＴＣの陣内へ潜入するのは認められるのですが、

攻撃部隊となる普通科小隊が迂回や浸透（敵の警戒網をすり抜けて部隊を侵入させること）によりＦＴＣの陣内に入る行動に規制をかけるからです。攻撃部隊が翌朝の陣地攻撃、突入を経験できるようにするためです。この訓練統制があるために、迂回・浸透を行う場合、ＯＳの許可を得なければなりません。現地で実戦を想定した場合に必要な行動であることを説明し、ＯＳに納得してもらう必要がありました。安全管理や訓練効果を向上させるために、ＦＴＣがひいたルールとのやり取りを行い、行動の正当性を理解してもらうことによって訓練部隊の行動の自由を確保できるわけです。

現代の戦争は、住民に対する損害を最小限にすること、ジュネーブ条約を守ること、政府から課される制限事項等、多くの制限を加えられた中で行われるのが通常の状態です。ＯＳの現地の統制についても、現代の戦争・戦闘における制限と受け止めて対応する必要がありました。

現地において、制限された中でどのように切り返すか、工夫しながら乗り切ることが常態となります。そう捉えると、訓練統制に関する文句という形にはならず、効果的な訓練を行うことができると考えられ、より多くの発想や工夫をすることができます。

実際、文句を言うほどの統制はそんなに受けることはないはずです。安全に関わることや難しい判断の場合、常に、訓練センターに確認したり、センター長の指導を直接受けていたりする場面を、訓練センター内にいると確認できるからです。ＦＴＣが一方的に有利な戦いをできるような統制はしていません。

せっかくＦＴＣ訓練に参加できる機会を得ているので、40連隊の隊員は、現地においてＯＳに上手く対応して、制限戦争という中で、いかに知恵を出しながら制限を取り除き、力を発揮できるかを学ぶ機会にもなります。

翌年予定されている40連隊の増強中隊とＦＴＣとの戦いでは、実力が伯仲しているため、ミスをしたほうが崩されていくことになるはずです。そのためには、増強普通科中隊全体、第一線で戦闘する隊員１人１人に至るまで、粘り強く、行動の適切さと正当性を説明しながら部隊の活動範囲を広げ、自由に行動できるというレベルが必要になります。そう考えれば、すべてをプラスに捉えることができます。

訓練開始初日の夕方に吹き飛ぶ

訓練参加部隊長と一緒にＦＴＣの訓練センター内で戦況を確認していると、訓練参加部隊の中隊の斥候は、ＦＴＣが得意とする斥候狩りに捕まってしまい誰も帰ってきませんでした。

ＦＴＣの斥候狩りは、訓練中隊の斥候がＦＴＣの主陣地の偵察や奥に侵入しようとするのを待ち構えて捕獲します。斥候は、ＦＴＣに見つかりにくい侵入経路を選定して潜入しようとしますが、その通り道に斥候狩りを仕掛けて待ち構えているので、通過する際に簡単に捕獲されてしまうか、倒されてしまいます。

この斥候狩りの線がなかなか巧妙に仕組まれているため、ほとんどの訓練部隊の斥候はＦＴＣの斥候狩りに倒されてしまいます。

案の定、増強普通科中隊から放たれた斥候はすべて捕まってしまい、まったく情報が入らない状態になっていました。中隊長は、斥候からの敵情が報告されることなく、状況をまったく掴めない状態に陥りました。中隊長は、いつ敵からの襲撃や攻撃を受けても対応できるように、道路上を、戦闘ができる態勢をとりながら前進（接敵行進）せざるを得なくなりました。

接敵行進を行う場合、前衛小隊が中隊主力の前を前進します。中隊主力の前方で情報収集と警戒を行い、中隊主力の安全を確保します。前衛小隊は、敵から射撃を受けた場合、射撃で対応するとともに、分隊または小隊主力を迂回させ、ＦＴＣの警戒部隊（主陣地の前に警戒のために配置する部隊）を撃破・後退させる行動をとります。

部隊の訓練では、いつも敵は簡単に見つけられることを前提として戦闘訓練を行っている場合が多く、とにかく敵から射撃を受けたら、積極的に敵へ接近して攻撃するパターンで対応します。積極的に行動する部隊を見ると上司も喜ぶからです。さらに、やられても数時間で何度でも生き返ることができるルールなので、グズグズしていると「とにかく前へ出ろ」と指導されるので、訓練部隊は、敵に撃たれても構わず前進する行動が染みついています。

しかし、実戦的訓練に明け暮れているＦＴＣ部隊は、見つかった段階で倒されることを経験しているため、中隊に見つかるような行動をとらず、火力によって部隊を混乱させながら、戦力を低下させる戦い方をします。

さて、戦闘中の増強普通科中隊は、いつもは簡単に発見できるはずの敵が見つからず、倒されることのない斥候が誰も帰ってこない状態のため何も情報が入ってきません。部隊の訓練では味わったことのない経験をすることになりました。

増強普通科中隊は、やむを得ず敵と遭遇するおそれのある場所を通過する場合、手前で部隊を停止し、敵情を確認しなければなりません。部隊は、いったん停止すると、敵情偵察にかかる時間プラス動き出す指示が出るまで、30分以上、動きを止めた状態になります。目の前の稜線を、双眼鏡で敵がいないか確認をするからです。停止しているほとんどの部隊は、道路の両脇で姿勢を低くしているだけなので、隊員の長い縦隊が道路上に停止する状態になります。この状態を見て、「これは砲迫火力の格好の目標になるなぁ」と思っていると、ＦＴＣの無線機で通話が始まりました。

「射撃要求！」

　ＦＴＣの潜伏斥候から、停止している中隊主力に対する砲迫射撃を要求する通信でした。道路上なので位置の評定も正確にできています。訓練部隊は、停止している中隊主力が砲迫射撃を受けるなどとはまったく考えていなかったのでしょう。砲弾が落下し始めると、身体に着けている交戦装置から「ピーッ」という音が発せられ、損害が発生していることがわかります。その音は、あちらこちらから聞こえているので、多くの戦死・重傷者が発生していることがわかりました。

　損害を受けないためには、砲弾が弾着する場所からいかに早く離れるかがポイントになります。そのため、隊員はバラバラに行動して弾着地点から離れる回避行動をとります。各人がバラバラに避難するので、砲撃が終了した後、隊員を集めて部隊を掌握するには、かなりの時間が必要になります。

　バラバラになった隊員を掌握し、道路上を引き続き前進すると、ＦＴＣの無線の「射撃要求」の通信が聞こえてきました。しばらくすると、また訓練部隊へ正確に砲迫射撃の砲弾が吸い込まれていきます。敵に対する処置を行わなければ、何度も同じことが繰り返され、攻撃部隊の戦力は削り取られていく状態が続きます。

そして、敵情が不明のまま、また砲撃を受けるという状態が何回も繰り返され、訓練部隊は、翌朝の攻撃ができるかどうかまで損害が累積していきます。大きな損害を受けながらも、訓練部隊は、今まで経験してきた訓練手順や教範事項を遵守し、ＦＴＣの主陣地の近くまで何がなんでも進出しようとします。

この状態を見ていて心配になったことは、ＦＴＣの砲迫射撃によって、40連隊から参加している部隊が損害を受けてしまい陣内への迂回・浸透や攻撃行動のテストができなくなることでした。幸い、停止したら分散する基本的な行動を丁寧に繰り返していたせいか、コントロールセンターのモニターを見ると、ほとんど損害を受けていないことがわかりました。訓練部隊はかなり消耗してしまいましたが、40連隊の小部隊が残っていれば、まだ、ひと暴れできるチャンスがあります。

日が暮れる頃、明朝の攻撃に関する構想（攻撃目標、攻撃開始時期、攻撃方向、各部隊の任務など）と偵察命令を各小隊に示すため、敵が陣地を構築していそうな現地の地形を直接確認できる小高い丘で、訓練部隊の中隊長は、小隊長を集めて命令を下達し始めました。

命令下達は、20分経っても終わる気配がありません。追尾斥候や潜伏斥候に動きを監視されているのを嫌というほど砲迫射撃を受けて味わっているにもかかわらず、よく目立つ小高い地形に主要幹部が集まって、現地での命令下達を行っていました。

現地を確認できたら後方の安全なところに下がって必要な指示を出せばよかったのですが、いつまで経っても目立つ場所から動こうとしません。当然、次にどうなるかわかります。

「射撃要求！」

ついにとらえられてしまいました。追尾斥候が射撃を要求している場所は、中隊長のいる正確な位置でした。「射撃開始」の無線が入り、「砲弾落下」とともに、損害が広がっていきます。

「中隊長戦死です」とコントロールセンターのＦＴＣ要員がセンター長に報告しました。センター長は、しばらく腕組みをして考えているようでした。

「訓練部隊長、中隊長が戦死してしまったら、残念だがこれで状況終了だな」。訓練部隊長は、「なんとか生き返らせていただけませんか。主陣地にも到着せずに状況中止では部隊がかわいそうです」と言うと、

「FTCは、部隊でやっているような訓練のように時間が経てば生き返るということはしません。生き返らせることは無理なので諦めて下さい。私も初日に状況終了するのは初めてなので心苦しいのですが仕方がありません」と返ってきました。

「40連隊長終わってもいいかな」とセンター長に言われ、生き返らせることなくこのまま状況を続けるには、副中隊長に指揮を執らせる方法がありますが、副中隊長も重傷でした。運用訓練幹部も負傷していました。小隊長という手もありますが、多くの配属部隊を抱えていてミニ戦闘団のような編成になっているので、小隊長では荷が重すぎます。そこで、

「中隊長の戦死を確認した上級部隊は、中隊長経験のある連隊本部の4科長（補給・整備の幕僚）と3科の幹部を現地へ送ることを決心し、4科長を中隊長として送り込んだということで、状況を続けていただけないでしょうか」と、実戦でも当然行う処置であると提案してみました。

「40連隊の隊員は、まだ戦闘をしていないな」とセンター長が言うので、

「何もしないまま小倉へ帰るのは、隊員も納得できないと思います」と本音に近いことも話してみました。

「では、こうしよう。1時間後、4科長が訓練部隊のところへ到着。それまでは運用訓練幹

部が中隊の指揮を執る。では、このまま状況は続けよう」と訓練は継続されることになりました。これで、40連隊の隊員は夜間の行動ができることになりました。一安心ですが、訓練部隊自体はかなりボロボロの状態なので、どこまで耐えられるかわかりません。

１時間後、４科長が訓練部隊に合流し、中隊長として指揮を執り始めました。もちろん、４科長を演じているのは、戦死した中隊長です。しかし、この時点で、かなりの部隊を砲迫射撃で削られているため、明日の朝、陣地攻撃ができても、兵力の不足や障害処理が十分にできないことや、敵をまったく消耗させることができておらず、成功の可能性はほぼない状態でした。

「ローライトコンディションＣＱＢ」の威力

40連隊の各分隊は、各小隊に組み込まれ予備として運用されていたため、ほとんど損害を受けることなく、ＦＴＣの陣地の裏へまわるための小迂回や浸透を行い、上手い具合にＦＴＣの陣地内へ入り込むことができていました。敵陣地奥深くまで侵入し、活動拠点を設定することができましたが、小隊長との無線が離れてしまい、通じない状況になっていました。無線が通じないということは、小隊長から見た場合、部隊がやられてしまったか、生き残っていても指示ができないのでやられたのと同じ状態だという判断になります。
分隊は、小隊がいつ何をしようとしているのか、中隊の動きもわからず、明日の攻撃開始時期はいつなのか、小隊はどこを攻撃すればいいのかまったくわからないため、遊兵化（有効に機能せず、役に立たない状態）しています。中隊としての組織力を発揮できなければ、防御部隊を上回る戦闘力を集中させることができないため、敵を打ち破ることが難しくなります。

分隊は、遊兵化を避けるために、通信を確保できる小高い地形まで移動したり、伝令を出す処置を行ったりしていました。併せて、敵戦力を削り取り、攻撃を容易にするための夜間戦闘をＦＴＣの部隊へ仕掛け始めました。

次は、夜間の奇襲攻撃の部分的なテストです。「いつからローライトコンディションＣＱＢを隊員が始めるのかな」と思っていると、現地にいるＯＳから訓練センターへ現地部隊の訓練統制に関して確認する無線が入ってきました。

「訓練部隊が懐中電灯を使用して夜間戦闘をしようとしています。許可していいですか」という内容です。

「始まりますね。どこまで効果が出るか楽しみです。初めてだと、ビックリするでしょうね」

と石田３科長が嬉しそうに言います。センター長が「訓練部隊は、夜間戦闘訓練をしっかりやっているか確認せよ」と指示を出すと、ＯＳは「了解」と言って無線が静かになりました。

無線が黙っているということは、現地でＯＳが40連隊の隊員に確認しているということです。数分後、

「夜間戦闘は得意で、よく訓練しているとのことです」とＯＳの無線が入りました。

「了解、許可する」とセンター長の許可が出ました。センター長が顔を向け、

「40連隊長、ＦＴＣの対抗部隊は暗視装置が保有していることは、もちろん知っているよな。許可をしたが、実際、懐中電灯を使用して夜間攻撃をする意味があるのか？」と言いました。

「ＦＴＣは、暗視装置をもっているのですか。知りませんでした。どうなるのか心配になってきました」と答えました。

どうなるのか心配とは、40連隊の隊員がやられるという心配ではなく、コンバットライトの強烈な光で暗視装置が壊れてしまうかもしれないという心配です。そして、間違いなく防御側がパニック状態になり、夜間の安全管理を確実にできるかな、と思ったからです。室内の戦闘で爆発的な威力を発揮する「ローライトコンディションＣＱＢ」を隊員が屋外で使用

できるように改良し、訓練を積んできました。3科長が、

「野外では、初お目見えです。『ローライトコンディションＣＱＢ』を初めてやられたら、相当驚くと思います」と、ニコニコ顔で言いました。

そろそろ始まるかなと待っていると、ＦＴＣの防御部隊から

「懐中電灯の光を使用した攻撃を受けている」と入りました。

「光で敵をよく確認できない」と無線も入ってきました。

夜間攻撃は、まったく今までのやり方とは異なる方法で行いました。この戦闘要領を40連隊では「ローライトコンディションＣＱＢ」と呼び、ガンインストラクターのナガタ・イチロー氏から、暗い室内での戦闘要領として伝授されたものです。

「ローライトコンディションＣＱＢ」は、強烈な光量を出すコンバットライトを使用した戦闘要領です。強烈な光を照射された敵の暗視装置はハレーションを起こして何も見えない状態になります。目に強烈な光を当てられた隊員は、しばらく暗闇の中で物が見えない状態に陥り、目が眩んでしまって戦闘ができません。ライトを照らし明るくなっているところはわかるのですが、明るいところ以外は何も見えない状態に陥ります。

この見えなくなっている暗い場所を活用しながら移動し、さらに敵に強い光を照射して何

も見えない状態を継続させ、動けなくなっている敵に迅速・正確な射撃を行い、一気に敵を倒す方法です。

　各分隊では、「ローライトコンディションＣＱＢ」を使いこなすことのできる近接戦闘能力の高い隊員を選定しています。室内で使用する戦法を、さらに光量を強く、遠くまで光が届くコンバットライトを準備して、野外版「ローライトコンディションＣＱＢ」で、ＦＴＣの陣地の翼側（陣地の横方向）から攻撃を開始したのです。

　これまで陸上自衛隊では、夜間の戦闘で光を使用することはありませんでした。闇夜に隠れながら隠密に近づいていることを敵に察知されてしまい、光の方向へ集中射撃を受けたら大きな被害が生じてしまうからです。

「ローライトコンディションＣＱＢ」は、懐中電灯のような形をしたコンバットライトによって突然強烈な強い光をビームのように目標へ照射し、照射する目標に対し別の方向から射撃を行い、敵を倒していく戦法です。

　暗闇の中で強い光が一瞬光るたびに射撃を受け、ＦＴＣの防御部隊の隊員が倒されていきました。ＦＴＣの防御部隊は、何が起こっているかわからないうちに、光の方向を見るとコンバットライトの光を目に照射され、その間に射撃を受けてしまい、次々と倒され始めたのです。

光の方向からではなく暗闇の方向から撃たれるため、どこに40連隊の隊員がいるのかわかりません。コンバットライトを使用して光を照射した隊員は、すぐに防御側から射撃が指向されるため、照射した瞬間に安全な場所へ身を隠し、違う場所へ移動しては照射する行動を繰り返しながら、ＦＴＣの隊員を削っていきました。

ＦＴＣの若い陸士は、いつ光を照射され射撃を受けるかわからず、今まで経験したことのない夜間のライトを使用した戦闘に恐怖心を抱き始め、陣地を放棄して後退する状況になるほどでした。「どうなっているのかわからないし、このままではやられてしまうので後退しましょう」と、第一線陣地が放棄される状況になりました。

室内の戦闘で使用される戦闘要領の１つ、「ローライトコンディションＣＱＢ」の大きな衝撃と損害を初めて野外で味わったＦＴＣの隊員から、「震えがくるほどの恐怖を味わった」とのちに聞くことができました。

40連隊主力でＦＴＣに参加するときに必要な敵陣地の裏に入る要領や、スカウトの「ストーキング（敵に気付かれずに接近する狩りの技術）」と「ローライトコンディションＣＱＢ」を組み合わせた夜間攻撃は、ＦＴＣを混乱状態に陥れる目途が立ちました。

ある戦闘員の手記―年間1800時間の訓練で我々は一体何をしていたのか―

分隊員として本ＦＴＣ訓練に参加した隊員の戦闘の記録を紹介します。この隊員は当時、若い3等陸曹（Ｓ3曹）で、迂回浸透部隊の一員として行動していました。今では幹部になっている隊員です。

「40　40　コチラ　02　02　オクレ、40コチラ02オクレ（4小隊長こちらは2分隊長です、応答願います）、40　02！」いくら送信しても返答がありません。小銃手として参加したＦＴＣ訓練1夜2日の状況下での初日、17時頃のことです。

全国の実施部隊において、前例がなく、敵陣地の裏にまわり込んだ我が分隊でしたが、小隊長とも中隊主力とも連絡が途絶えてしまいました。作戦どおりとはいえ、分隊は完全に孤立した状態でした。分隊長は、小隊本部と合流するのか、それともこの分隊だけで戦うのか悩んでいました。その結果、出した答えは後者の単独戦闘でした。

「運も実力のうち」とよく言われますが、ワナ線の横わずか5ｍを通過し、敵陣内へ迂回できた我が分隊は、確かに運があるのかもしれません。しかし、歩きやすい経路を選定せず、けもの道から道路に通ずる場所は避けて通ることを確実に行い、敵が準備していない場所を縫うようにしてきた分隊長のこれまでの経験、集中力、用心深さ、鋭い勘があったからこそ、敵陣地の裏までまわり込めたのだと思います。

日没となり、分隊長は敵陣地の偵察と主力との連絡確保のために伝令の派遣を命じました。偵察については、私もそのとおりだと思いましたが、敵のいるところにもう一度引き返して味方の場所まで行くまでにやられてしまう危険性が高い伝令の派遣を行うことについては、意外に感じました。

幸いなことに、危険を承知の上で出発した副分隊長は、無事に主力と合流し、我が分隊の行動について報告することができたのです。これにより、分隊の行動は主力の知るところとなり、本体の翌日の攻撃構想も決定できたのです。伝令の報告を受けた小隊長が、副分隊長を元の分隊に戻すのは危険と判断し、主力に残したのは正しい決断だと思いました。

夜間偵察の結果、敵の陣地はまだ前方であり、かなり後方までまわり込めたことを確認できました。たまに傍受だけ可能な無線機から、主力の攻撃開始時刻が06時ということを知り、私たちは05時に行動を開始することにしました。分隊長は、軽快に動くことを重視して、84mm無反動砲（対戦車用の火器、その他発煙弾、砲弾、照明弾も射撃できる）と砲手を残置することにし、残りの４名で攻撃することになりました。

このとき、昨日からずっと84mm無反動砲の弾薬（10kg）を携行していた私とY士長は弾薬も残置できることに正直ホッとしました。しかしながら、84mm無反動砲の残置がのちのちの戦闘に大きく影響することになるとは思いもしませんでした。

前進していると、ＦＴＣの特科の陣地を発見し、４名を倒すことができました。さらに前進すると、戦車2両と遭遇しました。1両目は目の前を勢い良く通過していきましたが、もう1両は待機位置を起点に行動していたので、84mm無反動砲さえあれば容易に撲滅可能であり、絶好のチャンスを逃してしまったのです。小銃と機関銃しか保有していない私たちは、戦車のハッチから警戒のために上半身をさらしている車長に向かって小銃弾を集中し、車長を倒すことだけはできました。急いで84mm無反動砲手と合流し、戦車や装甲車を撃破しようとしましたが、これからというときに「状況終了」となってしまいました。もっと暴れたかったのですが、残念な結末となりました。

1夜2日の状況下で、最後まで生き残りたいという気持ちと、敵を撃破したいという気持ちが交錯する中、ＦＴＣも容赦なく火器・砲弾により迎え撃つというサバイバルな状況になりました。当初、余裕を持って集結地を出発したはずなのに、緊張感で思うように行動できない場面もありました。

通常の訓練では十分足りるはずなのになくなる水筒の中身、何より悔しい思いとなった対機甲火力（８４ｍｍ無反動砲）の残置、そして、実戦において敵に見つからないことの重要性などなど、「自衛隊生活において二度と忘れないぞ」というほどの貴重な経験になりました。

ＡＡＲによっても、意外に我々の能力向上は図られていると感じました。実働訓練終了後、現地・現物によりＡＡＲを実施し、「こういう地形であるからこうすべきであったのだ」と気づき、翌日、ホールにおいて状況中の行動をＶＴＲで確認しながら、作戦図における時間ごとの部隊の行動や損耗状況をデータに基づき研究できました。「我々は作戦の中でこのような役割を果たすために戦っていたのだ」、「そのためにはもっとこのように行動すべきであった」と気づきを得ました。

形式立った訓練ではなく、役に立つ訓練を実行する。そして、どうせやるのなら隊員が納得し、自ら進んで参加したくなるような訓練をする。

駐屯地にあっても、ＦＴＣを超える訓練を我々の発意や創意で作り上げるべきです。そのためには私たち若手陸曹や陸士の新しい風が必要であると考えます。できるところから迷うことなく実行し前進するのみだと思います（Ｓ３曹談）。

以上が25歳のＳ３曹の戦闘の記録の要約です。私は、考えられるすべてのことを実行に移すよう彼に伝えるとともに、同じことを全隊員へ伝えました。そして、「今回の経験を踏まえ、来年のＦＴＣでは、戦車を仕留め、大暴れしてほしい」とＳ３曹には伝えました。

特に、40連隊でＦＴＣと戦闘するときの増強普通科中隊長就任を予定している馬場３佐には、自由に発想し思い切って隊員を練成することを命じるとともに、連隊が全力で増強普通科中隊をバックアップすることを約束しました。

１年前にＦＴＣ訓練の支援という形で参加し、経験した訓練によって、得られた成果を基に対ＦＴＣの訓練を積み上げていきました。

勝利の女神が近づいてくる戦い方

馬場中隊長との後日対談

二見　連隊長に着任してみると、すでにＦＴＣ訓練への参加が決まっていました。訓練に参加予定の中隊長から、今まで参加した40連隊の中隊は全滅していたという話を聞きました。私が中隊長に「ＦＴＣ訓練は、指揮手順を習いにいくのが目的ではないよ」と言うと、「ＦＴＣは指揮手順を習いにいくところで、勝つか負けるかは関係ないと思います」と返ってきました。

　第8師団の教育訓練を担任する3部長のときに戦闘競技会で鍛え上げた部隊を送り込んでことごとくやられた経験をしていた私は、必要とする訓練も行わず、レベルも低い状態でわざわざ北九州から北富士演習場まで行き指揮手順を習いにいくと聞いて、呆れてしまいました。

馬場　ＦＴＣとの戦いは、そこから始まったわけですね。ＦＴＣを知るため、北富士演習場へ偵察に行ったこともありました。

二見　北富士演習場は、地図上で自己位置の評定がしにくい地形なので、初めてＦＴＣに参加した場合、実力を十分に発揮することができないという特性があります。ＡＴＭ（対戦車ミサイル）が巧みに配置されていて、訓練部隊の戦車は最初に壊されていたので、ＡＴＭの配置に適する地形や陣地敵地を実際に見にいったと思いますが、どうだったでしょうか。

馬場　地形偵察に行き、これは手ごわい相手だとわかりました。しっかり工事して、潜伏する場所に穴を掘っていました。潜伏斥候はこのような場所で穴を掘って潜伏しているのだということがわかりました。

二見　そうでしたか。それは、行った価値がありましたね。

馬場　部隊が行動するときに、谷沿いの凹地部分を通過しなければならない場所があるのですが、その斜面の上のほうに、人が行かないような場所に穴が掘ってありました。なるほど、ここで監視しながら通過する部隊に砲迫火力を要求していたのかということがわかりました。たぶん、このような場所が多くあるのだろうと思いました。

　このように巧妙に隠れて監視する潜伏斥候をすべて見つけることは現実的に無理ですが、砲迫火力を要求されないようにできる方法はあると考えました。ＦＴＣの潜伏斥候が部隊の位置を評定し、砲迫火力を要求して砲弾が落下するまでにかかる時間を考えたら、２分以上停止しなければ撃たれないということです。特に著名なところは位置の評定が簡単なため、砲弾が落下するまでの時間が短くなるはずです。そのため、2分以上停止するような行動をすると必ず損害が発生することを隊員に徹底しなければならないと思いました。

実際のＦＴＣとの戦闘のとき、夜間、著名な三差路で施設の資材運搬車が15分ぐらい止まっていたら、案の定、砲弾を落とされ、1個分隊と資材運搬車がすべて吹き飛びました。この資材運搬車には地雷原を処理するための重要な機材が積載してあったのですが、ちょっとした油断ですべてを失い、戦車が通れる通路を地雷原に開設できる地雷原処理機材を一度に失ってしまいました。

「だから、気をつけろと言っただろう」と言っても、もう遅く、やられないための行動をいついかなるときも丁寧に行うことが、実戦に近くなればなるほど重要になるということがわかりました。また、集中力がなくなった時点でやられるということもよくわかりました。

二見　最初、馬場中隊長はなぜ大切な資材運搬車を一番目立つところに置いているのか、疑問に思いました。すぐに破壊されることがわかっているはずなのに。たぶん、夜間なので気が緩んだ部隊が、いつも無意識にしていることをやってしまったのではないかと思いました。

column-❷

馬場中隊長との後日対談　勝利の女神が近づいてくる戦い方

第3章

緒戦における
主導権の握り合い

ＦＴＣの心理戦に揺さぶられる

ＦＴＣの戦いにおいて勝機となる一番の重要事項は「緒戦にあり（戦いのはじめの段階）」と考えました。

ＦＴＣ統制部から、40連隊が連隊直轄斥候を出す希望があれば増強普通科中隊の隊員の中から選抜し派遣しても構わないとの調整を受け、馬場中隊長は連隊直轄斥候を運用する決心をしました。

今回、連隊直轄斥候は、作戦上、中隊よりも早く出発して前方で情報収集するため、主力が出発する前日の夜に行動を開始しましたが、ＦＴＣの斥候狩りに遭い、簡単に2個組とも捕獲されてしまいました。

斥候には、連隊直轄斥候と中隊直轄斥候の2種類があります。連隊直轄斥候は、連隊の戦闘に必要な情報を獲得するために、連隊長が運用を統制し、連隊の本部管理中隊の情報小隊から派遣されるものです。一方、中隊直轄斥候は、中隊の戦闘に必要な情報を収集するために、中隊長が運用を統制し、中隊内の小銃手から選抜された隊員が斥候として派遣されます。

連隊直轄斥候として派遣された隊員の実力は、当初から事前に準備をしていた連隊屈指の

５個組の斥候のレベルには及びませんが、かなりの訓練を積んできた斥候がこれほどまで簡単に斥候狩りの網にかかってしまうとは思ってもみませんでした。

使用している周波数をそのままにした状態で通信機を奪われてしまった場合、馬場中隊の情報に関する報告や指示を行う「情報系」の通信をＦＴＣ側にすべて聞かれてしまうことになります。馬場中隊では、あらかじめ、斥候や部隊が収集した情報が筒抜けの状態になってしまうことを防止するために、斥候が負傷したり捕獲されたりするおそれがある場合に備え、無線機を破壊する訓練をしています（ＦＴＣでは、実際には破壊せず、その動作をすれば破壊したとみなされます）。

連隊直轄斥候は捕獲されてしまったのですが、馬場中隊長は、当然、斥候が無線機の破壊を行っていると考えたのか、情報系の周波数の切り替えを行いませんでした。しかし、実際は、ＦＴＣに無傷の無線機を入手されてしまっていたのです。

前日の夜以降、斥候の動きと収集した情報を、ＦＴＣがすべて知ることができるようになってしまっていたのです。連隊直轄斥候を早期に出せることの利点ばかりに目が向いて、ＦＴＣの仕掛けた罠にまんまとはまってしまったというわけです。

情報系を傍受された結果、ターゲティングをかける前に、ＦＴＣ部隊を砲迫が指向する場所から移動させてしまうので、ターゲティングの効果が大きく低下することになります。

40連隊は、馬場中隊長が出発までの訓練準備期間中に徹底したＦＴＣの戦法封じを考え出して訓練を積み上げてきましたが、ＦＴＣも、40連隊の行動を封じるために、あらゆる策を準備していたということがわかりました。これから、技のかけ合いが始まります。

ＦＴＣの強さを嬉しく感じている自分がいました。

中隊直轄斥候を守る

連隊直轄斥候2個組（4名）を失った現在、これ以上の斥候の損耗はこれからの戦闘に大きな影響を与えます。このため、馬場中隊長は、情報収集よりも、中隊直轄斥候の安全確保を優先することを決心しました。翌朝、中隊直轄斥候を、ＦＴＣが統制する斥候の出発可能な時間になっても出発させず、中隊主力と発進時期を合わせて前進させました。この方法を用いれば、ＦＴＣの斥候狩りを確実に回避することができます。

情報を重視する馬場中隊長の考えは、敵からは見えない経路を使用する小迂回によって3個小隊が敵陣地の側背に進み、横と後ろから攻撃するというものです。これ以上、斥候を潰されては敵の情報を掴めなくなり戦いにならないと判断し、5個組の斥候を小迂回をする3

個の小隊に同行させ、守られるように主力とともに前進させました。

「馬場中隊長、考えたな」と部隊の動きを見て感心しました。敵の主陣地の奥に入るのは、時間はかかりますが、潜入できた時点で、こちらが主導権を握ることができます。

スカウトとターゲティング能力の高い隊員Ｄを中心とする40連隊生え抜きの斥候ならば、安全を確保しながら、夕方には確実に潜入を開始し、ターゲティングの態勢をとることができるからです。馬場中隊長の狙いは的確だと判断しました。

ＦＴＣは、主陣地の前方に警戒陣地を設置し、40連隊の中隊主力（馬場中隊）の前進状況を収集しながら、砲迫射撃によって戦力を削ろうと準備しているはずでした。当然、馬場中隊の斥候の撲滅も狙ってくるはずです。

情報は、実戦において極めて重要な機能であるにもかかわらず、陸上自衛隊では、普段の訓練では軽視される傾向がありました。時間がくれば、情報は、上級部隊や訓練統裁部から与えられ、訓練を行うことができるというのが通常のパターンでした。しかし、この意識が今までの訓練部隊のウイークポイントになっていたのです。

斥候は、小隊に守られながら、ＦＴＣの警戒部隊が配置されている場所に設定されている斥候狩りラインを通過したところで解き放たれ、ＦＴＣの陣内へ潜入していきました。

このとき、ＦＴＣのコントロールセンター内の空気が、「不味いな」という感じに変わったのがわかりました。いつもなら、すべての斥候を斥候狩りのラインで狩り上げてしまうのに、すべての斥候を無傷で陣内に潜り込ませてしまったからです。

「Ｄたち連隊生え抜きの斥候が敵中に入れば確実にターゲティングがかかりますね」と３科長が言いました。

これで、大量の砲迫射撃がＦＴＣの陣地全域に降り注ぐことになります。

ＦＴＣのコントロールセンター内の空気が変わったのは、斥候の恐ろしさを知っているからです。ＦＴＣが、攻撃中隊に１～２個組の追尾斥候を配置して徹底的に火力による打撃を行うことで、絶大な効果を得る戦闘を続けてきたからです。しかも、今回、40連隊の斥候５個組すべてが陣内に消えていったのですから、戦闘中に、どれだけの砲迫火力がＦＴＣ部隊へ指向されるかイメージできたからでしょう。

しかも、Ｄたちは、40連隊が誇る「見えない戦士達」です。戦闘終了まで見つかることはないでしょう。さらに、斥候の火力要求のレベルは桁違いに高いため、ＦＴＣの予想を超える砲迫火力がターゲティングによって指向されます。

「よくやった馬場、弾薬は心配せずに撃ちまくれ」と、心の中で馬場中隊長へガッツポーズを送りました。

ＦＴＣのＡＴＭ分隊が一撃で吹き飛ぶ

馬場中隊は、ＦＴＣの陣地予想地域を監視できる場所に、対戦車小隊の監視所を開設しました。対戦車小隊には20倍眼鏡を携行させているので、双眼鏡（6～8倍程度）では確認できない距離から、敵の装備や小さな動きや変化を捜索できます。

監視所配置後、敵のＡＴＭ（対戦車ミサイル）分隊が射撃をするために動き出す小さな兆候を20倍眼鏡で見つけ、砲迫火力を指向して敵のＡＴＭを破壊してしまう作戦です。

コントロールセンターで傍受している無線から、

「戦車前へ、陽動開始」と馬場中隊長が戦車部隊へ指示を出しているのが聞こえてきました。

「仕掛けが早いな」と思わず顔がほころんでしまいました。

「この方法で仕留められるか楽しみです」と横で3科長が言いました。

ＦＴＣのＡＴＭ分隊の視界に戦車を入れることによって、対応行動を起こさせる作戦です。

馬場中隊長の指示で、ＡＴＭの射程外で活動を始めた戦車を視界に捉えたＦＴＣのＡＴＭ分隊は、戦車がＡＴＭの射程距離内に入ったらすぐに射撃を行えるように、監視位置の修正や双眼鏡による監視が始まるなどの動きが出てくるはずです。

　ＦＴＣのＡＴＭ分隊の動きは、思った以上に俊敏でした。戦車が見える場所に出てきた瞬間、「敵戦車発見」の報告がＦＴＣのＡＴＭ分隊から入りました。「射撃準備」の指示もすぐに出ました。射程内に入ったら一撃で仕留める態勢をとり始めたのです。この瞬間を待っていました。

　そのとき、敵の前進陣地（主陣地のように見せかけて攻撃部隊に攻撃させ、損耗を与えたり、前方地域で戦闘していた警戒部隊が後退後に部隊を再編成して防御戦闘の態勢を確立する時間を確保するために設定する陣地）の稜線付近で兆候が出たのです。20倍眼鏡で、監視中の対戦車小隊が無線機のアンテナを捉えました。戦車音に誘われて、ＦＴＣのＡＴＭ分隊の分隊長か監視要員が、確認に出てきたのです。馬場中隊は、すかさずアンテナの位置情報に基づき、部隊が展開している場所を予測し、ターゲティングをかけました。ＡＴＭは、最初に倒さなければならない目標であるため、1回目の射撃は目標の中心一帯に、2回目、3回目の射撃は後方に配置されている発射機や車両を予想して砲迫火力を指向しました。

　これが最初のターゲティングであり、砲迫射撃となりました。コントロールセンターでは、1回目のターゲティングでＦＴＣのＡＴＭ分隊長の戦死とＡＴＭ発射機が破壊されたことが報告されました。「ＡＴＭ使用不能」についてもです。

淡々と業務を進めていたコントロールセンター内の空気が、一瞬張りつめた後、ピシッと氷が割れるような音がした感じを受けました。

毎回、発見されず無傷の状態で訓練部隊の戦車を血祭りに上げて活躍するＦＴＣのＡＴＭは、訓練参加部隊にとっての脅威でした。ＡＴＭが存在している限り、訓練部隊が保有する4両（1個小隊）の戦車は、前に出ることも射撃支援の態勢をとることもできない状態にされてしまいます。否応なしに、虎の子の戦車小隊が戦闘に何も寄与できず、後ろで怯えたまま隠れていなければなりません。戦況が上手く進まず、苛立って戦車を前に出した瞬間、ＦＴＣのＡＴＭに確実に仕留められてしまい、何もできないまま戦車を失ってしまうからです。

その厄介な存在のＡＴＭ分隊が、状況開始後そんなに時間が経過していない段階で、破壊され沈黙したのです。しかも、1回目の砲迫射撃だったのでＦＴＣに対して心理的に与えた影響はかなりのものだったと思います。そして、コントロールセンターも同じか、それ以上の衝撃を受けていました。

コントロールセンター内では、起こった事実を、戦場でよく発生する錯誤ではないか、偶然ではないかと片づけ、心中を穏やかにしようと努めているのがわかりました。「狙って当てることができるわけはない。通常の双眼鏡では、この距離では見つけることはできない」と。コントロールセンターは、20倍眼鏡を馬場中隊が保有していることを知りませんでした。

「まさか。まぐれだ」とＦＴＣのコントロールセンター要員が動揺しながら話していました。

この一回の射撃で、遠距離の射程を有し戦車の動きを封じることのできるＡＴＭを敵は失ったのです。これで、馬場中隊は、戦車の機動力と火力を生かすチャンスが増えました。

「一撃ですね。気持ちいいです」と石田3科長は喜びを隠せませんでした。3科長が小さな声で、

「これからもっと驚くことでしょうね」と言い、ニコニコしそうになっていたので、自分に対する戒めも込めて、

「顔がほころんでいるぞ」とモニターを見つめながら石田3科長へ小さな声で答えました。

一方、馬場中隊の反応を見て、実戦は難しいなとも感じました。訓練部隊は、部隊を停止させ、静かに見つからないように前方の監視を続けていたからです。

コントロールセンターでは、ＦＴＣのＡＴＭ分隊が撃破されたことはわかっていますが、馬場中隊長のほうは、何かをやっつけたはずだが、それが何であるか確証を持てない状態な

のです。戦闘は錯誤の連続であるといわれますが、敵の損耗の程度がわからないということは、錯誤の状態に陥る一つの要因となるのです。

馬場中隊長は、砲迫射撃によって撃破した部隊が、ＦＴＣのＡＴＭ部隊なのか、単なる戦場を監視している要員なのか、たまたま現地を確認していた小隊長なのか、判定できていないのです。

ターゲティング実施後、ＦＴＣからＡＴＭの射撃を受けることがなくなっても、しばらくの間は戦車を前に出さず部隊全体も停止していたのです。この状態をコントロールセンターで見ている自分たちがイライラするほど、用心深く行動していました。しかし、実戦で生き残る重要なポイントとなる用心深さを常に持って行動する中隊長を頼もしくも思いました。

緒戦はこれで上手く進めることができ、こちらが少し有利になったなと判定しました。「落ち着いて進めろよ。馬場」と心の中で言いました。北部九州の隊員は、勢いがつくとガンガン押し込むタイプが多いからです。常に冷静な状態でいなければ、必ずＦＴＣ部隊につけ込まれて返し技をかけられてしまいます。

緒戦での技のかけ合いにおいて、狙いどおりに相手を動かし、確実に技をかけ切ったことが功を奏しました。それは、馬場中隊長が、事前にＦＴＣの行動と中隊の行動を徹底的に分析し、部隊が計画どおりの行動をとるための準備と訓練をしてきた成果です。この結果、現段階において、馬場中隊は主導権を握ることができ、戦場をコントロール下に置くことに成功したといえます。

ＦＴＣの潜伏斥候を仕留めろ

中隊主力の前で行動する1個小隊は、敵に向かってまっすぐに進むのではなく、敵を横に見ながら大きくS字を描くように蛇行して前進していきました。ＦＴＣの潜伏斥候や監視の目をローリング小隊へ引きつけることによって、主力の動きが察知されないように欺騙します。

　併せて、斥候狩り部隊や潜伏斥候を索敵しながら排除する任務も持たせ、経路沿いにローラーをかけるようにして安全化を行いながら進みました。

　きちんと雑巾がけをするように進んでいくので時間がかかりますが、付近に潜伏している斥候を確実に排除するか、安全な場所へ後退せざるを得ないように追い払うことができるため、後方に続く馬場中隊主力の安全を確保できます。さらに、小隊は、メジャーな地点で長い時間停止しないように習慣化されているので、ＦＴＣの潜伏斥候が仮に火力要求をしても、火力が指向される前に小隊が移動してしまうため、砲迫火力の被害を受けることなく前進できます。

1個小隊が行動している間に、中隊主力となる3個小隊は、行動を秘匿し、小迂回と浸透を繰り返しながら、ＦＴＣの陣内地域へ潜入していきました。馬場中隊は、計画したとおりの行動を進めていくことができ、前進間の損害は、対人地雷のワナ線にかかってしまった隊員を除き、ほぼ無傷でした。

残念ながら、ローリングによって、隠れている斥候狩りの部隊やＦＴＣの潜伏斥候を排除することはできませんでした。ローリングは時間のかかる行動であるため、斥候は、ローリング活動地域から安全な地域まで後退することができたようでした。

潜伏斥候は倒せませんでしたが、ＦＴＣの斥候が離脱してしまったので、馬場中隊が行動した地域の情報を収集できず、部隊の行動を掴ませないということができました。いつも訓練部隊が情報を取れずに苦労して火力で削られていくという状態を、今回は、反対にＦＴＣ側が味わうことになったのです。

このときのことを馬場3佐は、のちに「ローリングによって、敵はどのように反応したかは定かではないが、少なくとも我が部隊に対する敵の砲迫火力は、まったく効果がなかった」

と評価しています。

　そして、ＦＴＣの繰り出す対抗策を回避したことについて、次のように回想しています。

　これまで、多くの部隊が攻撃前進間、多大な損害を出し明朝の攻撃が難しくなるほど戦力を削られてしまったのは、敵に対する意識が浅く、ＦＴＣの砲迫火力の威力を甘く捉えていたからです。普段の訓練においても、砲迫火力の戦況現示と損害を与えることは難しいこと、敵を意識していない非現実的な行動が習慣化されてしまっていたからです。実戦に近い訓練下において、やられるべくしてやられていたといえます。

　我々は、ＦＴＣの行動、戦闘のパターンを読み切り、対応を詰めなければならないということを重視して訓練を積み上げてきました。その結果、ＦＴＣの陣内へ無傷で入り込むことができたのです。これまでの指揮所訓練センターでの訓練や戦闘団検閲、ＣＱＢ、スカウトなどで培ってきた戦闘のノウハウが結集され、このＦＴＣ訓練で開花するときを待っていました。

　この戦いでは、予期しない戦法によってＦＴＣに対処のいとまを与えない速さで部隊を行動させるとともに、全隊員が神経をフルに使って行動することにより、慎重に用心深く対応した結果、ＦＴＣの繰り出す策をすり抜けることができたのです（馬場中隊長談）。

情報がFTCに筒抜けの状態

ＦＴＣの防御地域に潜入していった5個組の斥候は、戦場を監視できる場所に配置され、夕方からターゲティングが開始されます。明るいうちに動き回ると発見されるおそれが高いため、小高い地形を利用して戦場を監視します。本格的な偵察が開始されるのは、暗くなってからになります。戦場を監視する場所（監視所）でも動くと発見される危険があるため、明るいうちは注意深く行動しなければなりません。

しかし、ターゲティングを開始する夕方までに、敵の陣地を監視できる場所を選定しながら、今夜のＦＴＣ陣地地域に対する偵察目標と、それに至る偵察経路や、明日以降、主力が攻撃する時の監視所の位置などについて素早く処置します。

ターゲティングが始まった時点では、監視所の位置取りがまだ不十分なため、多くの部隊を見つけることができていない状態でした。ＦＴＣの防御部隊も昼間、監視所から捕捉され配置を特定されないように行動しているため、射撃すべき目標を見つけることが難しい状態でした。

中隊が前進する前の日の前半夜（日没〜24時）に出発し、ＦＴＣの斥候狩りによって捕虜になった連隊直轄斥候は、捕虜になったときに無線機の破壊処置ができていなかったため、馬場中隊が情報の報告と斥候への指示で使用する「情報系」の周波数を敵に渡してしまいました。ターゲティングは、中隊本部の火力調整所へ情報系を使用して斥候や部隊から報告された射撃要求に基づき、火力戦闘部隊へ射撃命令が下り、火力を指向します。

ＦＴＣ防御部隊の本部では、馬場中隊の「情報系」を傍受していれば、斥候が活動している地域や、火力を指向しようとしている場所がすべてわかってしまいます。

その上、明るいうちは防御部隊が素早く動きやすい状態にあります。斥候が目標を発見し火力要求を行った無線の内容から射撃を行う座標を把握したＦＴＣ防御部隊の本部は、狙われている部隊へ危険な状態であることを伝え、現在の位置から砲迫射撃の影響を受けない２００〜３００ｍ離れた地点へ移動するよう無線で指示を出すことができます。

ＦＴＣ防御部隊の本部は、斥候からの火力要求後、３分程度で砲迫火力が指向されることを把握しており、砲迫射撃で狙われる場所を確認すると、全部隊へ一斉放送が流されます。「あと2分で○○地域に砲迫射撃あり。部隊は、すぐにその位置から移動せよ」と無線連絡が流れるのです。

散発的に行うターゲティングは、残念ながら所望の効果を得ることができていませんでした。

「このような戦闘があっていいか疑問があります」と3科長は不満を口にしましたが、無線機を無傷で取られてしまったのでは仕方がありません。

「馬場中隊長はなぜ周波数変更をしないのでしょう」と3科長が言いました。

射撃効果判定のためにターゲティング目標を確認していた斥候から、

「射撃要求をするとその場所から部隊が移動してしまい、いつも誰もいないところへ砲弾が落下している」と、数回、馬場中隊長へ報告がありました。

この報告で「情報系」を傍受されていると判断した馬場中隊は、「情報系」の周波数変更命令を無線で出しました。周波数変更をしたことをＦＴＣに悟られないように秘匿略語を使用しました。これでＦＴＣは傍受できない状態になりました。

馬場中隊長は斥候が通信の安定する高い場所に配置できた段階で周波数変更を行おうと考えていたのだと思いました。斥候が通信の伝わりにくい低い場所を通過している段階で周波数変更を指示した場合、周波数を変更する指示が伝わらないおそれがあるからです。斥候は、無線の通じない状態になった場合、情報を送ることができないので、戦死したと同じ状態になってしまうのです。情報系通信全体が混乱することを避けた適切な判断だと言えます。

戦闘で捕虜になるということは、戦力として使用されなくなるということですが、この問題以上に気を付けなければならないことがあります。それは、捕虜が所持している装備や書類、重要な情報を記した地図などが敵の手に渡り、作戦に関する情報を敵に与えてしまうということです。

万が一、捕虜になった場合、我の行動がわかってしまうようなものは、破壊するなどの処置が必要となります。特に地図を奪われた場合、重要な情報が敵に伝わってしまうことになります。

地図は、自分の位置と目標位置を評定するために使用します。幹部や小部隊のリーダーは、地図にビニールオーバーレイを被せて防水処置を施し、作戦間携行します。地図には、マジックを使用してビニールオーバーレイ上に、攻撃であれば、攻撃に使用する経路、攻撃目標を描き込みます。防御であれば、防御陣地の細部位置、障害の位置などが描き込まれていることがあるため、地図が敵の手に渡った場合、ビニールオーバーレイ上に描かれた作戦計画のパーツを敵に渡してしまうおそれがあるのです。

連隊直轄斥候の情報系の周波数をＦＴＣに知られてしまいましたが、その他については、重要情報が敵の手に渡ってしまうことは、なんとか防止できたようでした。

「ターゲティング」で一晩中砲弾を撃ち込め

情報系は全部隊、無事に周波数変更が行われ、ＦＴＣ防御部隊の本部は火力要求の内容を傍受できなくなりました。敵の配備を確認しながら、斥候が監視しやすい場所への小移動が終了すると、次々に斥候から火力要求が行われるようになりました。これでターゲティングが有効に機能する態勢が確立されました。

敵の陣地地域に正確に砲迫射撃が指向され、少しずつ防御部隊の隊員に損害が出始めてきました。斥候がＦＴＣのＢＴＲ（装輪装甲車）を発見し、射撃要求をしてきました。ＦＴＣのＢＴＲを狙うときは、迫撃砲（81ｍｍ迫撃砲、１２０ｍｍ重迫撃砲）では砲弾の威力が小さく被害を与えることが難しいので、１５５ｍｍ榴弾砲による射撃を行います。この日のうちにＢＴＲ数両を使用不能にすることができました。

戦車は、特科火力では効果を得ることはできないため、陣内に潜入したＡＴＭで破壊しなければなりません。斥候が戦車を発見した場合、位置情報を対戦車小隊へ伝え戦車を射撃できる位置まで対戦車分隊を移動させて撃破します。戦車は陣内を動き回るため、射撃位置を選定するには、戦車の行動の起点となる待機位置を発見する必要があります。戦車の動きを監視していた斥候から、「戦車の待機位置の可能性がある座標…」と連絡が送られてきました。この情報に基づき対戦車分隊は、射撃位置につくため前進を開始しました。対戦車分隊は、明日の明るくなった時点で撃破可能な射撃位置へ移動できる予定です。これで戦車を仕留めることができます。

通常、攻撃部隊は、ＦＴＣの潜伏斥候の火力要求によって砲弾を落とされ続ける状況になりますが、今回、反対に、馬場中隊が斥候の火力要求に基づきターゲティングを行い続けました。一晩中ＦＴＣの防御地域内に砲迫射撃が指向された状態になったのです。

特科と重迫撃砲の弾薬は、１日目の前半夜（日没～24時）には撃ち尽くしてしまったので、馬場中隊は上級部隊（ＦＴＣコントロールセンター）に弾薬の要求を行い、補給されることになりました。このペースで弾薬を使用することは、なかなかできません。数多くの射撃目標を評定しなければならないからです。相当激しく撃ち込んだことがわかります。

ＦＴＣの配備状況が明らかになるのに合せて、翌朝の攻撃を行う前に敵をさらに減殺するため、馬場中隊の火力調整所では、いつ、どの目標にどれだけの砲迫火力を指向するかという計画射撃の準備が進んでいました。

第4章

夜間の戦闘で引きずり回せ

施設部隊の損耗が意味するもの

施設部隊は、地雷原や戦車壕（戦車が越えられないような壕）など、障害を処理する部隊です。徒歩兵が地雷原を通過するための通路を開設したり、戦車・車両が通過できる幅に通路を拡張したりすることによって、人員と戦車がＦＴＣの陣地へ突入する態勢ができ上がります。

施設部隊は、陣地の前に敷設された地雷原の偵察後、地雷原爆破装置の設置を行います。地形に傾斜や窪みがあり地雷を爆破処理できなかった場合、直接その場所へ行き、破壊筒という鉄パイプ製の爆薬によって破壊処理をします。敵の目の前で、かなり危険な行動をとらなければなりません。そのため、常に敵を意識した行動をしなければ、第一線陣地を攻撃する小銃小隊よりも、確実に大きな損害を受けます。施設部隊は、攻撃部隊が陣地に突入するためになくてはならない働きをする部隊ですが、ＦＴＣ訓練では障害を処理する最終段階で、ほぼ全滅しているのが常態でした。

馬場中隊長は、ＦＴＣを撃破するためには、施設部隊が生き残り、突入のための通路を、人員用と車両用の両方、開設することが必要であると考えていました。

機材を多く保有している施設部隊は、機材の積み込みや積み降ろしに時間がかかるため、敵に見つかった場合、砲迫火力の格好の餌食になるという弱点を有しています。道が交差するポイントやメジャーな場所に車両を停車した場合、必ずＦＴＣの追尾斥候によって、正確な砲迫射撃を指向され、簡単に破壊されてしまいます。

少しの手間をかけて地図では評定しにくい場所に停車していれば、見つかることもなく、もし発見され射撃要求されたとしても、砲迫射撃の精度が悪くなり、被害を最小限にできます。

ＦＴＣコントロールセンターで施設部隊の動きを見ていると、林を上手く活用しながら行動を秘匿しており、ほとんど損害というほどの損害は発生していませんでした。しかし、夜間になったとたんに用心深さがなくなってしまったのです。

暗くなり、相手から見えなくなると思ったのか、今までの用心深さがなくなり、訓練を行う隊員のほとんどが知っているような北富士演習場でも有名な三叉路の手前で、樹木や草で隠れることもせず、広場のようなところに、何を考えたのか、発見して砲撃して下さいと言わんばかりに、車両を停止させたのです。戦闘は手間を惜しむと必ず楽をしたところから崩されるという典型的な状態が、15分後に発生したのです。

敵の追尾斥候の無線から、

「射撃要求、目標、敵施設部隊の車両、座標○○」と火力戦闘部隊へ射撃要求がきました。しかも、有名な三叉路ですから、位置の評定は簡単で、間違えることはありません。

「施設！　移動しろ」と隣で3科長が思わず声を上げました。

「弾着5秒前…。弾着、今！」とＦＴＣの火力戦闘部隊の無線が伝えます。

施設部隊に指向された砲撃は、車両の真ん中に落下しました。完全にやられた状態です。分隊員が展開している範囲に行われた砲撃の状況が、砲迫射撃判定システムの画面に映し出されました。

「これは全滅だな」とコントロールセンターのＦＴＣの隊員が言いました。そのとおりです。現場では大きな損害が発生しており、砲迫射撃から逃げるだけで精いっぱいであるという状況が手に取るようにわかりました。

「射撃要求、同一目標」と、さらに砲迫射撃が行われることがわかりました。すぐに、車両を中心とした場所に砲弾が落下しました。

施設部隊が展開している場所が騒がしくなったため、馬場中隊長が状況を確認している無線がコントロールセンター内に響きました。

「施設小隊の状況送れ」と数回繰り返していると、施設小隊から、

「敵の砲弾落下により多数の損害あり。現在退避中」と報告がありました。

先ほどの弾着の状態と無線内容から、車両に搭載していた器材は破壊され、ほぼ1個分隊規模がやられてしまい、生き残った隊員が暗闇の中で四散してしまったため、再び集まり、それを掌握するだけでもかなりの時間が必要となります。まさか待避した隊員の集合場所を三叉路にしていないだろうなと、心配になってきました。また追尾斥候によって簡単に評定され、火力による被害が広がるからです。

鋭い声で「著名な場所を使うな。またやられるぞ」と馬場中隊長の無線が入り、ホッとしましたが、障害処理器材を満載していた車両をやられた代償は、翌日の攻撃のときに高くつくことになります。

「痛いですね」と言う3科長に、首を少し縦に振って答えました。

心の中で「戦車用の通路を開設する地雷原処理器材のほとんどを失ったため、戦車を先頭にした敵陣地への突入は難しくなったな。ＦＴＣを全滅に追い込む完全な勝ちはこれでなしか」と思いました。

40連隊単独ではなく、各部隊によって増強され戦力は強化されているものの、チームとして部隊を束ねて力を発揮する難しさがあります。施設部隊の一瞬の気の緩みの代償は高くつきました。

戦闘を支援する部隊の器材を破壊されてしまうということは、戦闘を支援する機能自体を失うのと同じことだからです。障害処理器材を破壊されるということは、すなわち障害処理ができないことを意味します。損耗してしまった器材の補給は、すぐにはできません。

馬場中隊長の回想録からも、相当悔しかったことがわかります。

ここまで、FTCを追いつめてきたのに、陣地突入後の戦闘場面で危険な状態で戦わなくてはならなくなってしまったのは、今回の戦闘における大きな失策の1つとなりました（馬場中隊長談）。

敵戦車の車載機関銃が恐怖で吠えまくる

FTCの第一線防御陣地には戦車2両が配置されています。戦車の車載機関銃は戦車内部で固定されているため、隊員が携行しながら射撃する機関銃の精度とは比べものにならないほどの高い射撃精度を持ち、歩兵戦闘に強烈な打撃を与えます。そのため、車載機関銃の恐るべき精度を認識していないと、大損害を受けることになります。訓練部隊は、かなり長い射程において高い命中率を誇る車載機関銃について正しく認識し、確実な対応行動をとらなければなりません。

普通科の部隊は、戦車の車載機関銃の恐ろしさに対する認識が低いため、ＦＴＣによって、これまで戦車の車載機関銃で多くの訓練部隊が一瞬にしてなぎ倒されています。

戦車は、敵戦車に対する対機甲火力としての役割と、車載機関銃による歩兵戦闘という対人火力としての役割、機動力と装甲防護力を有する強力な兵器です。この戦車がＦＴＣの陣地に配置され自由自在に活動する限り、40連隊による攻撃の成功はありません。しかも、夜間暗視装置を備えているのです。

ＦＴＣに位置を把握されることなく昼間に迂回浸透した部隊は、攻撃準備を行うための拠点を設定し始めました。その頃になると、北富士演習場も日が暮れ始め、夕闇が深くなってきました。その夜は、三日月でした。馬場中隊長は三日月の出ている明るい時間に仕掛けるのか、三日月が沈んで闇が深くなったときに仕掛けるのか。

翌朝にＦＴＣの陣地へ突入せず、午後に突入を企図しターゲティングでＦＴＣを徹底的に叩き潰すのであれば、三日月が出ている明るいうちは敵情と地形偵察を確実に行って、ＦＴＣ部隊の位置データを収集し、ターゲティングは三日月が沈んだ暗闇の中で仕掛けるつもりだと考えました。午前中にＦＴＣ陣地への突入を考えるならば、攻撃準備の時間を確保するために、三日月が出ている早いうちから仕掛けるはずです。

自分ならば夜遅くを選定するな、と思い巡らしていると、コントロールセンターにＯＳからセンター長へ判断を仰ぐ無線が入りました。

「訓練部隊が夜間攻撃を企図しています。戦車が配置されている陣地地域一帯にライトを使用する夜間戦闘を実施するということです。許可を出そうと考えています」という内容に対して、センター長が

「現地で安全確保は確実に取れるか」と問うと、

「戦車は努めて機動させないようにします」という処置事項が報告されました。

「了解、許可する」とセンター長から許可が出ました。

「前に40連隊が他部隊の訓練に参加したときに使用したローライトというのをやるようだね」とセンター長が言いました。

「夜間戦闘の許可をありがとうございます。『ローライトコンディションＣＱＢ』です。予定よりも早く仕掛けるようです」と答えると、

「前回の戦闘を経験して、うちも対応訓練をしているようだよ」と返ってきました。

石田３科長が小さい声で

「前回使用した『ローライトコンディションＣＱＢ』は、基本の〝き〟のレベルでしたが、今回選抜した隊員の多くが操る、『ローライトコンディションＣＱＢ』は『Ｓクラス』か『Ａクラス』です。鋭く切り込んでいくはずです」と言いました。

戦闘がどのようになるか楽しみでした。しかし、仕掛けが早いなと思っていると、ＯＳからの無線が入りました。

「訓練部隊は、銃を使用しないでナイフによる隠密処理をするので、その許可と、審判要領を示してほしいと言っています」という内容でした。

スカウトによるナイフ戦闘を仕掛けようと馬場中隊長は考えていたのです。そのために「ローライトコンディションＣＱＢ」を早めに実施したのだということが理解できました。

スカウトのメンバーであれば、ＦＴＣの歩哨や警戒要員に音も立てずに接近して仕留めることができます。しかし、銃で撃たれたときのように損耗を知らせる音が出ないため、損害を与えたという判定ができません。取っ組み合いになった場合、スカウトのマーシャルアーツの技をかけるとケガをすることがあるので、ルールを決めてほしいという要望でした。このような前代未聞のナイフ戦闘が許可されることはないと思いました。

しかし、ＦＴＣの対応は次の通りでした。

「40連隊長、部隊はナイフ格闘を訓練しているようだが、訓練部隊の隊員はナイフを全員保有しているのかな」と聞かれました。

「模擬のナイフを全員携行しています。隠密処理まで確実にできます」と答えると、

「ナイフによる攻撃を許可する」と、予想していなかった答えが返ってきました。

「懐の深いＦＴＣに感謝致します」というと、

「訓練間の安全確保のため、接近は10ｍまでとし、戦闘結果は現地で判断するというのが訓練上の限界なので了解してほしい」と言われました。

「ありがとうございます」と答えると同時に、本当にガチンコ勝負をしようとしているＦＴＣの姿勢を感じました。しかし、審判がついてくるため戦闘前に発見されるおそれが大なので、ナイフ戦闘は起こらないなと思いました。

ナイフ戦闘が行われなくてもスカウトの行動が許可されるというのは、非常に重要な意味を持っています。スカウトの本来の活動目的は「情報収集」だからです。スカウトが収集した精度の高い「敵の位置情報」が報告されることによって、早朝から正確な砲迫による計画射撃を行うことができるからです。敵の正確な位置を把握した斥候によるターゲティングは、

さらに多くの損害を与えることができます。

これで火力戦闘の準備が完成するなと考えていると、石田3科長から「ローライトコンディションCQB」による攻撃が始まったことを伝えられました。

「すでに数名、防御部隊を倒しています。陣地内の敵は混乱しています」。無線を聞き、画面を見ていて、そのとおりだと思いました。

コントロールセンター内の要員の
「戦車が陣地内へ砲塔を向けて、車載機関銃を発射しています。手当たり次第、射撃をしています」と報告している声が聞こえてきました。

通常、前方から接近する訓練部隊を撃破するため戦車の砲塔は正面を向いているのですが、迂回浸透した部隊が陣地の翼（陣地の横・端っこ）から強烈なライトを使用して陣地内に飛び込もうとしているので、砲塔を反対側に向けて射撃を開始したのです。

戦車は、性能の高い暗視装置を持っているので、「ローライトコンディションCQB」を仕掛けてくる閃光を発するライト目がけて撃ちまくっている状態です。FTCは、対「ローライトコンディションCQB」として、40連隊の隊員が使用するライトを狙って車載機関銃を徹底的に撃ち込む対抗策を準備しているようでした。光を見つけた場所に所在する人員に対して正確な射撃を行っているように当初は見えました。

「ローライトコンディションＣＱＢ」のライトが戦車に近づいていくにつれ、少しずつ射撃が荒くなってきたのがわかりました。さらに、戦車自体を対戦車火器で狙われる危険性が高くなってくるにつれ、見境なく射撃する状態に変わっていきました。明らかに、処理できる情報量以上にさまざまな情報が入ってきてパニック状態になっていることがわかりました。さらに、距離が近くなればなるほど素早く対処しなければならなくなり、混乱に拍車がかかっていることもわかりました。

コントロールセンター内で、「うわ！　同士討ちだ」という声が上がりました。戦車がＦＴＣ防御部隊の隊員2名を車載機関銃により倒したということがわかりました。石田3科長が、

「どうも、戦車は発見した人員すべてに見境なく撃ち込んでいるようです」と言った後、

「今の射撃は強烈です。40連隊とＦＴＣの隊員の両方ともを全員なぎ倒しました」と戦車の射線を見て言いました。

40連隊の隊員が陣地に飛び込もうとしたところに車載機関銃が凄い勢いで撃ち込まれているのですが、そのほとんどがＦＴＣの陣地地域に指向されていました。

「車載機関銃の射撃で訓練部隊2名、防御部隊4名被弾」とコントロールセンター内に声が響きました。

「このまま車載機関銃を撃っていると友軍相撃が続いて不味いぞ」とセンター内で話している声が聞こえました。

「『ローライトコンディションＣＱＢ』のレベルの高い隊員はなかなかやりますね」と石田3科長が言いました。

ＦＴＣの部隊の無線機から、「戦車射撃をやめろ！」と怒号に近い声が聞こえてきましたが、戦車の射撃は続行されています。

「戦車撃ち方待て！ 戦車撃ち方待て！ 戦車の射撃を禁止する」の無線により、陣地内を車載機関銃で撃ちまくっていた射撃が終了しました。これを好機と捉え、さらに、「ローライトコンディションＣＱＢ」で攻め込んではどうかと思いましたが、馬場中隊には、戦車射撃を禁止した無線の内容はもちろん入っていないので、現在、絶好の機会であることはわかりません。馬場中隊はＦＴＣが混乱し所要の戦果が得られ、戦車の射撃によって損害が発生したこともあり、態勢を変更することを決心したようです。

敵へ打撃を与えた「ローライトコンディションＣＱＢ」は、この戦闘を境に終了し、スカウトによる偵察行動に移行しました。
「ローライトコンディションＣＱＢ」は、予想通りの損害をＦＴＣに与えることができました。作戦としては、予想以上の戦果を得たといえます。防御戦闘は、各分野が連携し、防御システムが機能することによって、劣勢な戦力でも、敵をはねのけることができるのです。今回の戦闘で、ＦＴＣの防御システムが一時混乱しました。今まで混乱したことのないシステムが一時的であれ混乱したことで、防御を行っているＦＴＣの隊員に精神的に大きな打撃を与えたことは間違いありません。この精神的な打撃が、これからの戦闘に有利に働き始めることでしょう。

　馬場中隊長から何か新たなことを仕掛けられると、また混乱して損害が出てしまうのではないかと、精神的な圧迫を感じるようになるからです。これによって、ＦＴＣは、慎重に行動せざるを得なくなり、プレッシャーが蓄積されていくことになります。

第5章

ターゲティング炸裂

敵の砲迫火力を黙らせろ

ＦＴＣの砲迫火力を発揮させないようにするためには、ＦＴＣの防御地域の奥に配置されている榴弾砲と迫撃砲の破壊が必要でした。通常のイメージでは、砲迫自体の破壊を考えてしまいます。しかし、砲迫火力を発揮するシステムの機能を破壊するか、停止させてしまえば、火力を沈黙させることができます。

砲迫射撃部隊への射撃目標の配分、使用弾数、射撃の統制・調整を行う火力調整所が破壊された場合、砲迫火力全般をコントロールしている頭脳が消滅してしまうため、射撃ができなくなります。さらに、そこには火力部隊の指揮官がいることが多いため、砲迫部隊の指揮官をも同時に失うことになります。

砲迫火力による打撃を効果的に発揮できるかどうかは、目標情報の収集にかかっています。中隊から派遣されたスカウトを駆使する偵察要員によって、ＦＴＣの陣地の位置、配置状況が逐次明らかになっていきます。

5個組10人の斥候は、40連隊の誇る「見えない戦士たち」の代表です。斥候狩りの網を潜り抜け、ＦＴＣの第一線陣地の奥へ潜入した5個組の斥候は、Ｄをはじめとする連隊スカウトインストラクターのメンバーたちです。生き残り、情報を確実に掴み取り、迅速・正確に火力要求を行い、敵を破壊して任務を達成することに長けた男たちです。

目標情報を収集し、ターゲティングで特に力を発揮したのが彼らです。今までの戦法開発で何度もトライ＆エラーを繰り返しながら修正を加えて実戦で使用できるようにした成果が、今回、開花したのです。

彼らは、敵の陣地の脇をすり抜けながら偵察を続けました。偵察を終えた斥候は、ターゲティングを実施するための監視位置へ移動し、監視網を完成させました。監視網の構成終了とともに、彼らからターゲティングを行うための射撃目標が次々に中隊本部へ報告され始めました。

今回の5個組の斥候に指示したことがあります。それは、ＦＴＣの火力調整所（火力を発揮するための指揮所でもある）を必ず突き止め、ターゲティングによって敵の砲迫射撃を、戦闘間、完全に沈黙させるということです。

そのために、火力調整所の所在を示す兆候となる事項を特科部隊や重迫撃砲中隊に確認するとともに、巧妙に隠されているＦＴＣの火力調整所の具体的な場所の絞り込みと、車両で前進した後に火力調整所を開設するまでの手順と、残すであろう痕跡はどのようなものなのかなど、火力調整所を運営している状態を見つける具体的なポイントを研究してきました。「カムフラージュ」と、敵の兆候を見つけて追跡しながら追い詰めていくスカウトの「トラッキング」技術を有する5個組の斥候は、兆候の洗い出しと、部隊が残すであろう痕跡を追っているはずでした。彼らが、ＦＴＣの火力調整所の位置を突き止め、叩くことができれば、馬場中隊へ勝利が大きく傾くでしょう。

これまで数回、ＦＴＣの天幕をターゲティングで破壊してきましたが、まだヒットしていません。

コントロールセンターのスクリーンに映し出されているＦＴＣの火力調整所は、移動しており、馬場中隊長が地図上で細かく分析し予想していた場所に設置されていました。そして、予想していた地域を確認するために、１個組の斥候が火力調整所の方向へ向かっているのがわかりました。火力調整所を発見し、場所の特定ができれば、破壊する絶好のチャンスを得ることになります。

コントロールセンターのＦＴＣ要員は、通常の斥候は、陣地の位置、障害や敵の配備状況、ＢＴＲ（装輪装甲車）、戦車の位置などの偵察を行うので、火力調整所や補給・整備所などは狙わないと思っていたようです。しかも火力調整所は、外見上は、ただのテントがあるだけなので、戦闘において高い価値を有する目標とは見えないため、安心していたようです。しかし、斥候1個組が火力調整所の方向へ吸い込まれるように進んでいくため、気になりだしました。

しばらくすると、斥候組から射撃要求が行われました。

「敵の天幕と車両を発見、射撃要求…」。目標の中心を正確に捉えた射撃要求が行われました。

3科長が、

「これでＦＴＣの火力が止まり、撃ったとしても精度が低下した迫撃砲だけになります。やりましたね。連隊長！　やはりＤはやってくれました」と大喜びでした

馬場中隊の無線機から、「ただいま発射」の射撃開始の報告が聞こえてきました。

「弾ちゃーーく、今！」

数分後「最終弾、弾ちゃーーく、今！　射撃終了、効果送れ」

無線を聞きながら、弾着の位置をスクリーンで確認すると、火力調整所を完全に捉えていました。

コントロールセンター内では、

「射撃統制将校死亡、火力調整所は破壊されました」という報告が行われました。

センター長がこのとき、驚きを隠せない表情をしていたのが印象的でした。コントロールセンター内は水を打ったように静かになりました。少し経つと、「１２２ｍｍ榴弾砲が撃てなくなって大丈夫か」、「なんでわかったんだ」、「大変なことになるぞ」とひそひそと話す声が聞こえてきました。動揺の波が広がっていくのがわかりました。攻撃部隊を砲撃によって散々削り込んでいた砲兵火力が沈黙しました。今回、馬場中隊の施設分隊を機材ごと吹き飛ばした砲兵火力が、これ以降使用できなくなったのです。完全に沈黙しました。

「毎回、Ｄには助けられるなー」という感謝の気持ちと、「Ｄ、考えろ！　敵の指揮所がどこにあるのか。叩き潰せ」と力が入りますが、表情を変えないようにして、平静を保ちました。

攻撃部隊から、斥候要員をあと5個組出すことができれば、ターゲティングによって防御部隊を倒せるのですが、訓練の枠組みがあるため、できないのが残念です。近接戦闘を行えば死傷者が発生しますが、ターゲティングによって敵の防御部隊を削り取った後に陣地へ突入すれば、こちらの損害を局限に少なくできるはずです。スカウト技術を有する斥候「見えない戦士たち」によるターゲティングは、敵から損害を受けることなく、狙われているとは悟らせない状態で敵に砲迫火力を指向し確実に破壊することができるため、極めて有効な戦法であるといえます。

馬場中隊長は、火力調整所を破壊したことをまだ確定できないため、引き続き、ＦＴＣの指揮所、火力調整所、通信施設の偵察を命じました。もし、この時点で馬場中隊長が、破壊した施設がＦＴＣの火力調整所であると判断できていたら、高い確率でＦＴＣの指揮所を発見できたはずです。コントロールセンターですべての状況を見ていただけに残念です。

戦闘においては、その一歩が命取りになったり、あと一歩踏み込めば成果を得られるということが多発します。今までの訓練を通じて得た教訓として、あと一歩進めるかどうか迷ったとき、進めてしまった方が高い確率でいいと言うことができます。チャンスが舞い降りてきたときに、消極的な行動をとるとチャンスを運んできた戦場の天使は、相手の方へ飛んでいってしまうということを何回も経験してきたからです。その判断を消極的にしてしまう要因は、「情報」という手札が不足することです。

せっかく天使が運んでくれた大きなチャンスを掴んだとして、それをさらに大きなチャンスに繋げることができない要因は、天使の気まぐれと、現地での判断の難しさなのかもしれません。

これでＦＴＣの砲迫射撃は、しばらくの間、発揮できなくなりました。また、発揮できたとしても、火力調整所と射撃統制将校を失ったＦＴＣの砲迫火力は限定的な状態であることは間違いありません。後ろのほうから、コントロールセンターの要員が「砲迫火力なしで勝てるのか」と話している声が聞こえてきました。

FTCコントロールセンター内が凍りつく

「コーヒーが入りました」と副官から言われ、トイレ休憩も兼ねてコントロールセンターを出て待機場所へ行くと、河野副官がコーヒーを準備してくれていました。1口飲むと

「インスタントじゃない、ドリップのコーヒーだ」と驚くと、

「連隊長、ＦＴＣをもっと驚かせて下さい」と言いました。

「ありがとう。頭がすっきりしたよ。馬場にもこのコーヒーを飲ませたいなぁ」とお礼を言い、コントロールセンターへ戻りました。

「連隊長、いいニュースがあります」と3科長から言われました。それは、

「昨夜、施設分隊と地雷処理器材を砲迫射撃で破壊した潜伏斥候を倒しました」という情報でした。どこで倒したか場所を聞いてみると、その場所には潜伏斥候を倒すことのできる40連隊の部隊は配置されていませんでした。

「夜間、斥候狩りでもしたのかな」と聞くと、

「残存した施設部隊の陸士が、ＦＴＣの斥候が必ず追尾してくると思い、斥候が隠れそうな場所をあらかじめ確認し、待ち構えて倒していたことがわかりました」と言い、地雷処理器材を破壊されたお返しができたと3科長は喜んでいます。

「訓練が終了したら、斥候を仕留めた陸士を表彰するように準備しておいてほしい」と伝えました。コントロールセンター内がまた少し重苦しい雰囲気になっていた理由が、このときわかりました。

いつもながら、陸士は本気になると凄いなと驚かされます。ＦＴＣに参加する前の事前訓練で、40連隊とコンバットチームを組む施設部隊と話をする機会がありました。そのとき、ＦＴＣの腕のいい潜伏斥候が、施設部隊が行動する場所に必ず待ち構えているはずであることや、

「潜伏斥候は、砲弾を落とした後も翌朝の障害処理行動を妨害するため、間違いなく追尾してくるはずである。障害処理を行うため、必ず潜伏斥候が行動するような場所を抑え込み倒す必要がある」ということを話しました。小隊長や主要陸曹は

「了解しました」と答えましたが、愚直にこの話をやり抜いたのは陸士だったのです。彼らは、私の言葉を実現してくれたのです。信頼性の高い行動に頭が下がりました。「また、隊

員に助けられたな」と心の中でつぶやきました。

石田3科長が

「そろそろ、ＡＴＭが射撃を開始するはずです」と言いました。

夜間、敵をも味方をも車載機関銃でなぎ倒した戦車の位置は完全に把握していました。対戦車分隊は、夜間を利用した隠密行動によって、戦車を確実に仕留めることができる射撃陣地地域へ手搬送でＡＴＭを運び込むことに成功していました。

しばらくすると、対戦車小隊から

「射撃準備完了！　敵戦車確認、射撃を開始する」という無線が入りました。

中隊長の「了解」の通信が聞こえた瞬間、

「発射！」

続いて「命中、戦車撃破」の無線が聞こえてきました。この調子で残り1両の戦車とＢＴＲを狩ることができれば、防御部隊の火力と機動力を大幅に低下させることができます。

「戦車がＡＴＭでやられた」とコントロールセンターの要員が力なく言った言葉が聞こえました。

ＦＴＣの防御部隊の本部からの無線が凄い勢いで鳴り始めました。

「戦車！　ＡＴＭで狙われているぞ。予備陣地に移動しろ！　早くしろ！　ＡＴＭに捕捉されているぞ！　予備陣地へ移れ」と怒鳴るように、残り1両の戦車に対して指示を出していました。戦車から「了」と答えが返ってきて、隠れていた戦車が黒い排気ガスを出しながら、かなりのスピードで陣内を移動し始めました。

「撃破した戦車とそんなに離れていない待機場所にいた戦車を逃しました。この位置だとＡＴＭは陣地変換をしないと射撃ができません。残念です」と石田3科長が悔しがります。

予備陣地に移動した戦車は、すぐに40連隊の斥候「見えない戦士たち」に位置を捕捉され、中隊へ正確な位置情報が送られました。

「ＡＴＭ陣地変換。目標の戦車の位置…」と馬場中隊長から陣地変換命令が出ました。なんとしても戦車を仕留めようとする執念がうかがえました。その執念が届いたのか、信じられないことが起こりました。

ＦＴＣの戦車から本部へ無線が入ってきたのです。「戦車、行動不能」という内容でした。やられていないはずの戦車が動かなくなったのです。なぜ戦車が行動不能になったのか、状況を掴めない防御部隊の本部から戦車へ「状況送れ」と問いかけています。戦車から、「実故障、実故障」と返ってきました。

なんと、戦車は実際の車両故障が発生し、修理をしない限り動けないという状況になっていたのです。故障であろうが、それは戦闘間で実際に発生した状況として捉えられます。これで戦車2両撃破の状況と自動的になったのです。戦車は、撃破された状況ということになり、戦車砲を下げる状態になりました。

続いて、「〇〇曹長戦死」と、コントロールセンター内で報告されました。

「えっ！　〇〇曹長戦死？」と、今までにない驚きと信じられないという表情で、〇〇曹長戦死の話が全員に伝わっていきました。

「〇〇曹長が戦死するはずがない。機材トラブルでは」と、にわかには信じようとしませんでした。しかし、訓練部隊の砲迫射撃により戦死したことが伝わると、コントロールセンター内は戦闘で敗北したような雰囲気になってしまいました。

確認してきた石田3科長が

「どうも、〇〇曹長は射撃の名手であり、地雷原付近で蝟集（集まった状態）する部隊へ正確な火力要求を行うなど、今まで一度も戦死したことのない、ＦＴＣのエースのようです」と話してくれました。

コントロールセンター内の要員が受けた衝撃と落胆は、私たちが驚かされるほどでした。

ＦＴＣの潜伏斥候の○○曹長は、攻撃準備間に障害処理を実施しようとしていた施設部隊に対して砲迫射撃を行うために情報要求をしようとしていたところを、ターゲティングによる火力で仕留められたとのことでした。眼鏡の太陽光の反射か、通信機のアンテナを捕捉され、ターゲティングの目標として報告されて火力が指向されたのです。

このように、上手く進んでいく戦闘もある一方、馬場中隊のほうも小隊長の意味不明の行動によって、徐々にバランスが崩れていきました。

ターゲティングの威力

馬場中隊長との後日対談

馬場　ＦＴＣの訓練では、いろいろなことにチャレンジしてきました。それまで、あれほど敵の動きを真剣に考えたことはありませんでした。戦いは、ＦＴＣの強さが半端ではないため、ハイレベルの戦闘技術と戦闘技術のぶつかり合いになると思ったからです。

　しかも、ＦＴＣのホームグラウンドで北九州の部隊が超アウェーで戦うわけです。ＦＴＣが知り尽くしている北富士演習場の中に入って戦って勝利するにはどうすればいいのかを考えたとき、敵のすべての動きを知り、封じ込める必要があったからです。

　まず、ＦＴＣの斥候狩りによって、中隊の目となり、ターゲティングの核となる斥候を失ってはならないということでした。そのために、斥候狩りをする機会を与えなければいいと考えたのです。5個の斥候を中隊主力と同じ経路を通って前進させました。斥候が仕留めるラインを越えたときに、初めて斥候を解き放ちました。斥候は、選抜されたスカウトの代表です。斥候狩りにひっかからなければ、事後、ターゲティングは確実にかけられます。これは、絶対にやらなくてはならないことでした。スカウトは、敵の陣地深くに向かって消えていきました。斥候を潜入させるのに時間をかけたので、最初のうち、情報はほとんど入ってきませんでした。それは織り込み済みで作戦を練りました。

次に、戦闘の初期に戦車を撃破するＦＴＣのＡＴＭの撃破をしなければなりませんでした。常に、ＦＴＣのＡＴＭのＯＰは、訓練部隊を監視し、発見と同時に行動を起こすはずであると考えました。ＦＴＣのＯＰが何かに反応して、動けば必ずそれは兆候として出るはずであり、これを掴み取ることができれば、破壊できると考えました。

そのため、ＡＴＭの射程外で戦車を動かせば、必ず反応するはずです。そこで、戦車を動かしている音を出したわけです。思ったとおり、「戦車発見、戦車接近中」ということを伝えていたのでしょう。ＡＴＭのＯＰが反応しました。身体が反応すると、動きが出ます。一番見つからない方法は、動かないことです。かなり離れていても、人間は動くものを識別して見つけることができます。

その反応で無線機のアンテナの動きをキャッチできたわけです。アンテナが見えた場所を評定して、すぐにターゲティングをかけました。そうすると、「またアンテナが見えました」と報告が入りました。もう一度ターゲティングをかけました。

そのうちに動きがなくなったので、もしかしたら破壊したかなという判断をしました。

普通、ＡＴＭといったら、対戦車ミサイルのシルエットを探そうとしてしまいがちですが、そうではなく、戦場で確認できるのは、ほんの一部、今回はアンテナでしたが、眼鏡（双眼鏡）が太陽の光でキラッと光る一瞬しか兆候は出ないということを、部隊に徹底して訓練を進めてきました。

　例えば、人が1人いたら、そこに1個小隊いるということも判定できるようになります。1個小隊の敵がいるとしたら、次にどのように砲弾を落下させればいいかということを考えることが重要になります。このような訓練ばかりしていました。すると、実際に見えた敵以上の敵がそこにはいると判断できる感覚が身についてきました。

　私が戦闘で一番大事だと考えていたのは、最初にＡＴＭを潰してしまうことでした。

二見　あれは100点満点でしたね。

馬場　隊員から、ＡＴＭの兆候を掴むためには20倍の眼鏡が必要だという進言があり、準備をしていきました。そして、隊員たちは、アンテナの動きを2方向から確認（正確に位置を特定できる方法）し、目標情報として報告を行い、ターゲティングにより砲弾を集中させました。あっという間に撃ち込んでいました。完全に破壊したかどうかはわかりませんでしたが、「あ、これいったんじゃないかな」と思いました。

二見　2回目の射撃要求で破壊しましたね。分隊長戦死、ＡＴＭ発射機破壊となりました。しかし、本部で見ている自分はわかりますが、現地ではわからないというところが実戦の難しさであると感じました。

馬場　常に敵を意識して戦闘要領を詰めていったということが、一番実戦的な訓練になったのではないかと思います。考え抜くと、この状況では、こうしなければならないということが浮かび上がってくるからです。

敵のＡＴＭを潰すことを重視しながら、中隊主力（3個小隊）をいかにＦＴＣの防御陣地の奥深くへ潜入させるかという戦術を進めていました。3個小隊には、ＡＴＭの1個分隊をつけて、プラスアルファとして弾薬運搬要員をつけていたので、ＡＴＭの1個分隊が10名ぐらいになったはずです。このＡＴＭを陣内に持ち込んで、陣内で動き回るＦＴＣの戦車を破壊しようと考えたわけです。

第6章

戦機を運ぶ女神が忙しく動き回る

ほころびは弱いところから生ずる

今回のFTC訓練での40連隊の弱点として、気になっていたところがありました。それは、小銃小隊長のレベルです。40連隊を代表するSクラスの小銃小隊長2名が課程教育へ入校中のため、経験豊かで信頼性が高く厳しい状況を必ず打ち抜くベストメンバーで臨めなかったことです。

40連隊を代表する小銃小隊長は、訓練=実戦で臨むメンバーです。それを理解しているメンバーが、40連隊を代表するSクラス（スペシャル）、Aクラス（上級）の小銃小隊長です。通常ならば、Sクラス2名、Aクラス1名で参加できるところを、今回は、Aクラス2名、Bクラス（初級）1名での参加となりました。一方で、分隊長クラスはベストメンバーが揃っているため、分隊長が力を合わせ、小隊長を支えることができると考えました。

しかし、戦いは、弱いところから「ほころぶ」といわれますが、本当にそのとおりに小さなところからほころびが徐々に始まっていったのです。

敵の発見、正確な位置情報の報告、火力戦闘部隊による火力発揮、目標に対する射撃効果の判定、射撃の継続・終了の決定を行う「ターゲティング」は、通信の確保が基本となります。戦闘への寄与度として捉えた場合、通信が通じない＝戦死ということになります。
このため、通信が通じにくい低地や地隙を行動するときは、「これから通信が通じない場所へ入るので、次の報告は2時間後に行う」と連絡したり、低地で長い時間を行動する場合、定期的に通信手または小隊長自らが電波の届く高いところへ移動して通信を行い、通信終了後に低地に戻る行動は、基本の「き」です。通信の確保については、躾事項として徹底してきました。

歯車の狂いは、Ｂクラスの小隊長のところから始まりました。

等高線のわかりにくい地形は、ＦＴＣとの戦闘を行う演習場の特性です。地形慣れしていないと、地図での自己位置評定を正確に掴みにくい特殊な場所であるといえます。

自己位置を見失った場合、むやみに移動せずに、わかるところまで戻って態勢を立て直すか、偵察要員を派遣し現在地の把握および周りの状況を確認します。手間はかかりますが、難しいことではありません。また、通信さえ確保できれば、部隊の状況を伝えられ、中隊の行動を把握でき指示を受けることができるので、翌日の戦闘に参加することができるはずです。

しかし、何かの拍子で自己位置を見失ったところから、小隊の迷走が始まってしまったのです。同時に小隊長は、沈着冷静であるべき自分を見失ってしまったのです。慌てて動き回ってしまうと、ますます現在地がわからなくなります。慎重に行動していた部隊の動きが徐々に雑になり、翌朝の攻撃に参加しようと必死に動き回り、部隊は混迷を深めていきました。トップが自分を見失ってしまうと、混乱は止まりません。

少し落ち着いて考えれば、地図判読を得意とする陸曹が多くいたので、簡単に安定した状態に戻せたはずでした。

戦闘は、1回歯車が狂うと、その狂いは次第に拡大していきます。小隊の予想外の混乱が、大きな事態発生の引き金を引くことになったのです。

馬場中隊長が把握していた状況は、次の通りです。

明け方4時頃だったと思います。攻撃準備のため、部隊の展開を所在のわかっている2個小隊で行っていたとき、突然、行方不明だった1個小隊が敵の近くで動き回り始めたのです。雑な動きで統制がかかっていない感じがしました。しかも、フライングで敵の支配地域へ侵入してしまったため、敵に発見され、撃ち合いから戦闘が始まってしまったのです。この小隊の動きによって、敵に気づかれることなく攻撃前の部隊の展開を行っていた2個小隊も敵に発見されてしまう事態に陥りました。
この瞬間、行動を秘匿しながらＦＴＣが予期していない場所から攻撃することによって対応のいとまを与えず撃破する構想が吹き飛びました。すぐさま、各小隊に敵との離隔のための火力要求を行うように指示をしました。（馬場中隊長談）

ＦＴＣと攻撃準備の整っていない馬場中隊との戦闘が始まってしまったため、一度、部隊を下げて態勢を立て直す必要がありました。よりによって一番大事なときに全部の部隊が見つかるような動きをしてしまったのは、大誤算でした。損害を減少させ、引き続き攻撃ができる態勢をとる指示や、必要な処置を進めなければなりません。このときの馬場中隊長の、敵との離隔処置を進めた判断は、適切であったといえます。

さらに、救いであったのは、夜間偵察によって正確に目標情報を獲得していたため、ＦＴＣの陣地地域に砲迫射撃が吸い込まれるように命中していたため、防御部隊の射撃が限定的にしか発揮されない状態をつくることができていたことです。

攻撃部隊の３分の１以下の戦力の防御部隊は、敵が攻撃してこない場所に展開する部隊から敵が攻撃してくる正面に増援を送ることによって、全体の量では劣る戦力を特定の場所ではカバーすることが可能となり、攻撃部隊を跳ね返すことができるようになります。これを「部隊転用」といいます。

ＦＴＣは、定石どおり、攻撃を受けていない陣地に配備している人員をＢＴＲに乗車させ、戦闘が開始された場所への「部隊転用」を開始しました。移動するＢＴＲを発見した斥候からの火力要求により、ＢＴＲへ１５５ｍｍ榴弾砲が次々に撃ち込まれていきました。ＢＴＲは、装甲によって守られているため、直撃弾か、かなりの至近弾でなければ損害を与えることは難しい射撃目標です。斥候からの射撃要求は、少し凹んだ地形を通過するため、速度が低下する場所に弾幕を構成し、その弾幕の中へ速度を低下させたＢＴＲが入っていく絶妙なタイミングで行われました。この射撃により、ＢＴＲは中破となり戦闘不能になりました。

陣地に配備されているＢＴＲも１５５ｍｍ榴弾砲が何度も撃ち込まれ、中破以上の損耗を与えました。幸運なことに、陣地守備部隊の損害も出始め、敵との間合いをとるための砲迫射撃は、攻撃準備射撃と同じ効果を発揮しました。

攻撃部隊を準備未完の状態で発見できたためコントロールセンター内の要員に明るさが戻りましたが、正確な砲迫射撃によって、人員の損害やＢＴＲの中破など、思った以上の損害が発生したため、また空気が重くなりました。

一発逆転を狙えるか

今回の戦闘で、もし、ＦＴＣの指揮官を倒すことができれば、一挙に形勢が変わり馬場中隊に勝利をもたらすことができます。

指揮官が所在する指揮所は、中型車両を使用した移動型の指揮所か、地形が錯雑したわかりにくい場所にテントを利用して設置されている可能性があります。砲兵の火力指揮所がテントで設置されていたことから、ＦＴＣ防御部隊の指揮所もその可能性があります。ＦＴＣの指揮官を倒すということは、指揮所の主要な機能である通信施設を破壊し、情報と作戦を行う主要な幹部をも失うことにもなります。これによって、一瞬にして防御システムを崩壊させることができます。

防御システムが崩壊するということは、組織間の連携がなくなり、防御部隊の強みである組織化された戦闘力を発揮できなくなるということを意味します。そうなると、防御部隊はバラバラの状態で数的優位の馬場中隊と戦うことになり、戦闘力の量的な差によって、馬場中隊はＦＴＣの防御部隊を撃破できます。

さらに、この状態を丁寧にターゲティングで叩いていけば、防御部隊の早期撃破が可能となることでしょう。

斥候によって、指揮所に適した地形や車両のわだち、通信線などを兆候として、丁寧に偵察していけば、必ずＦＴＣの指揮所の位置を掴み取ることができるはずでした。

これまで、40連隊のＬＲＲＰ（長距離偵察部隊）は、敵の指揮所を重要目標として、作戦間、徹底的に探し出す訓練を行ってきました。訓練では、確実に指揮所を探し出し、破壊するところまで何度も訓練を積み、力をつけてきたからです。

すでに、5個組の斥候からの正確な位置情報に基づく「ターゲティング」により、敵陣地、ＢＴＲへ火力を集中することによって、ＢＴＲ6両を破壊していました。このまま順調に進んでいけば、馬場中隊の勝利は確かでした。

しかし、1個小隊からの歯車の狂いは、馬場中隊長にまで拡大していったのです。それは、思ってもみない馬場中隊長の行動によって、一気に噴き出しました。コントロールセンター内の重い空気が一瞬で変わりました。

「さぁー、お返しだ」。身体に染み込んだ行動

馬場中隊長は、「ターゲティング」でじっくりＦＴＣを叩いて破壊していくのではなく、

本人が、「やってもやられるだけである」と言っていた、一番やってはいけない行動を選択したのです。そして、命令と指示を流れるように出し始めたのです。

「中隊は、これより突入を行う」と馬場中隊長が無線で作戦の変更を行ったのです。まったく予想もしていなかった行動に、私と３科長は、信じられない気持ちで、お互いに顔を見合わせてしまいました。３科長が、

「馬場中隊長はどうして決心変更したのでしょう」と理解できないという顔で言いました。

「馬場が自ら突入を選択するわけがないから、システムが稼働できる限界の前に攻撃する統制を受けたのではないか」と言うと、

「馬場は言うことを聞くはずがないのですが、不思議です」と、３科長は首をひねったままでした。もっとも重要な最後の戦闘場面で、馬場中隊長は決心を変更したのです。

「ターゲティング」ではなく、「ＦＴＣ陣地への突撃」です。

馬場中隊長がこの時の状況を次のように回想しています。

> 火力要求は的確でした。ＦＴＣの部隊にも結構損害が出ていることはわかりました。中隊は、どうにか敵と離隔することはできましたが、行動を秘匿し攻撃準備のために戦闘展開を

しなくてはならない一番重要な時期に、中隊内の行方不明であった小隊が敵の目の前に突如出てきたのです。さらに、敵前で意味不明な行動をとったことによって、敵に発見され奇襲された状態になったのです。これでは、大きな損耗は避けられません。

すでに戦闘展開していた1個小隊は、かなりの戦力を失ってしまい再編成をしなければならないほどでした。

小銃小隊の意味不明な行動に怒りを覚えることはありませんでした。しかし、FTCに対して「よくも損害を与えたな、今度はこっちの番だ。受けてみろ」という気持ちが急激に湧き上がり、その感情で心がいっぱいになってしまったのです。

頭では冷静に今後の戦いをいかにするかを考えていたのですが、中隊の小銃小隊が3個小隊から2個小隊に減少したことを確認した瞬間、「お返しだ」と、過去に行っていた「突撃」を何のためらいもなく選択してしまったのです。やはり人間の習性とは恐ろしいものです。

私の不徳の致すところです。まだ敵の戦力を砲迫火力によって殲滅できたであろうに、敵陣地への突撃を行うことにこだわってしまったのです。

たしか午前9時頃だったと思います。「2個小隊は突撃準備、突撃支援射撃終了後、陣地へ突入」と命じました。その後の戦闘は…ただただ、いたずらに戦力を消耗するだけで…状況終了になりました。

戦果は、敵のＢＴＲ６両を撃破し、敵戦力を70％以下まで減殺することができましたが、中隊も戦車1両が対戦車地雷によって大破し、各普通科小隊は半分の戦力になってしまいました。

時間をかけて「ターゲティング」を行い、敵の損害を増加させながら、指揮所を破壊してＦＴＣの組織的抵抗を瓦解させた後、攻撃をすべきでした。身体が自然に動いてしまったというか、自動的に何のためらいもなく流れるように命令を出してしまい、準備を進めてしまった自分がいたのです。

もしかしたら、突撃というものが身体に染み込んで取れないのかもしれません。本当に、これからも、突撃訓練を身体が自然に動くまでやり続けるのがいいのかどうか、考えさせられました（馬場中隊長談）。

状況終了後、馬場中隊長に

「どうして突撃をしたんだ。無理に攻撃しなくてもかなりの敵を倒すことができたはずだ」

と聞いてみましたが、

「どうして突撃したのかわかりません。昔の訓練のパターンが現れ、何のためらいもなく突撃してしまいました」という馬場中隊長の言葉を聞き、彼自身、非常に悔しい思いをしていると思い、当時、これ以上話すことをやめました。言えないこともあるのだと思ったからです。

column-❹

馬場中隊長との後日対談

突撃の真相

馬場　ＦＴＣの訓練は、実弾は飛び交わないのでもちろん実戦ではありませんが、それに近い状況を実際に体験できる場なのです。ＦＴＣでは、戦闘をただ体験するのではなく、訓練部隊がどのような戦いを行ったか、そして、戦闘の結果どうなったかがわかるシステムがあります。このシステムは使いようによっては、今までの教訓から新たな戦い方を作り上げることのできるシステムとして活用できると思いました。

　そのため、戦法を工夫して作り上げ、ＦＴＣとの戦闘で40連隊の戦法を自在に使って戦うことができれば、絶対に負けることはないと思いました。ＦＴＣとの戦闘で戦法を駆使してＦＴＣの部隊を撃破することにより、戦法の有効性を証明する場にしようと考えました。

　あと一息でしたが、ＦＴＣとの戦闘は、甘くありませんでした。

二見　ここまでうまくいっていたのに、明け方に突然、戦闘のリズムが変わりましたね。朝4時頃、無線を聞いていたら、突然、戦闘が開始されたわけです。何の前触れもなく、本当に突然でした。

馬場　それは、私の頭を狂わした瞬間でもありました。どうして、無線が通じず昨夜から行方不明になっていた小隊が、突然、敵の陣地の目の前に無防備に出てきたというよりも、飛び出したというほうが正しい言い方かもしれません。戦闘展開をＦＴＣに察知されないようにしていたのが、すべてパーになってしまったのです。

二見　やってはいけないことをやってはならないときにしてしまったのだから、自分も呆れました。この状態を収拾してから攻撃をするとなるとかなりの手間がかかるな、と感じました。

馬場　戦闘は、2日目の早朝まで、75％思いどおりに進めることができていました。早朝の攻撃を予定どおりできれば、90％に近い状態で、考えていた行動を実施できる予定でした。

しかし、最後の最後に落とし穴があったのです。一番やってはいけないことを、一番重要なときにやってしまったのです。

そして、うまくいくはずの攻撃ができなくなってしまい、大きな損害が発生してしまったのです。予期していない状況が、あまりに突然に発生し、カーッとなった瞬間から、自動的に「突撃」のスイッチが入ってしまったという感じでした。やってしまいました。カーッとなったのは、もしかしたら言い訳で、身体に染み込んだ習性のスイッチが入っただけだったかもしれません。

陣地攻撃では、攻撃支援射撃中に部隊は敵の陣地へ前進していきます。陣地に近づくと銃剣を小銃に装着して突撃準備を行います。そして、突撃準備射撃の最終の弾着と同時に敵陣地へ突入する行動が、もう身体に刷り込まれていたわけです。この行動が、習慣というか習性になっていたのです。

二見　小倉駐屯地を出発していくときに、「突撃だけはするな」と私が馬場中隊長に言ったとき、「わかっています」と返事したことを覚えていますか。馬場中隊長は、絶対に突撃を選択しないと思っていたので、安心しながら念を押しただけだったのですが、身体に染み込んでいるとは思ってもみませんでした。

馬場　そうです。あのとき、連隊長から「突撃だけはするな」と言われたことを、今でも明確に覚えています。あのときは、どうしてそんな当たり前のことを連隊長が言うのかな、という感じで受け止めていました。

二見　当時、状況が終了してから、どうして突撃したのか聞いたとき、「苦しくなると、自動的にスイッチが入って、気がついたら突撃の指示を出していました」と答えたのは、正しかったわけですね。

column-❹

馬場中隊長との後日対談　突撃の真相

馬場　やってしまいました。我慢できなくなると、突撃しなければ駄目だと、心のどこかで思っていたのです。仮の話ですが、今でもターゲティングでもう少し敵に砲迫射撃を続けていたら、ＦＴＣの防御組織を確実に破壊できたと思っています。

二見　そうですね。突撃さえなければ、馬場中隊長の考えているとおり、ＦＴＣの防御組織を破壊できたと思います。

馬場　攻撃2日目の早朝でした。潜入した3個小隊のうちの1個小隊が、前半夜（日没から24時までの間）に行方不明になり、通信ができない状態になっていました。常に通信を確保することを徹底していたので、「残念ながら、1個小隊はやられてしまった」と判断せざるを得ませんでした。もし一部が残存していたら攻撃の予備部隊にすればいい、と考えていました。

　引き続き、2個小隊でＦＴＣ陣地へ突入できる態勢をとり、砲迫火力により敵を徹底的に叩いたのち、突入して完全に防御組織を破壊することにしました。まだ、このときはＦＴＣを壊滅させる目は十分に残っていました。

　2個小隊が攻撃の態勢をとるために敵陣地へ行動を秘匿して接近しているとき、意味不明の行動が発生したのです。一番、敵に見つかってはならないタイミングで突然、昨夜から行方不明だった1個小隊が、2個小隊がＦＴＣの陣地へ突入できる態勢をとろうとしている付近に、凹地から躍り出てきたのです。

これで、行方不明の1個小隊だけではなく、攻撃準備をしていた2個小隊の存在も敵に暴露することになってしまったのです。

とにかく行方不明の1個小隊を敵から離隔するためには、砲迫火力を全力で目の前の敵に撃ち込むしか手がありませんでした。砲迫射撃を行う地点を素早く選定し、離隔のための全砲迫火力を集中して、火力の援護下で部隊を下がらせました。

なんとか3個小隊を敵から離隔できましたが、1個小隊規模が壊滅状態になってしまいました。後方に下げた部隊を掌握して再度攻撃の態勢をとる「部隊の再編成」には、3時間ぐらいかかりました。朝4時に発生した戦闘だったので、それから3時間経過した、7時に再編成が完了しました。

このとき、「どうしようか」、「突入したいな」、そして「突入しよう」という気持ちが湧き上がり、次第に膨張し心を支配していったのです。

二見　まだ2個小隊は丸々存在していたので、手はいろいろあったはずでしたね。

馬場　そのとおりです。行方不明の小隊が、突然、敵の目の前に飛び出してしまいましたが、なんとか態勢をたて直しました。

しかし、スイッチが入ってしまった自分の頭の中は、「2個小隊が生き残っているから突入できるぞ」という考えに支配されていたのです。次に口から発した言葉は、「09：00突入」というものでした。

column-❹

馬場中隊長との後日対談　突撃の真相

二見　あれだけ最後に念を押したのに、「中隊は、マルキュウマルマル、突入」という無線が流れたので、思わず石田3科長に、「突入って言っているぞ。どうして突入を馬場中隊長はするんだ？　たぶん現地で厳しい統制を受けているのではないか」と聞いてしまいました。

　それまで、FTCの追尾斥候で訓練部隊の隊員を狙撃によって何人も倒していた、一度もやられたことのない不死身の曹長が、今回初めて倒されたわけです。そのとき、「〇〇曹長が倒れました」とセンター内にどよめきが起こり、一瞬で暗い雰囲気に包まれたのです。その後に、馬場中隊長が「マルキュウマルマル、突入開始」と無線が入った瞬間、センター内の雰囲気が一挙に明るくなり「撤収準備」という声がかかり、訓練終了の空気に切り替わりました。そして、突入部隊がボコボコにされたところで「状況終了」となりました。

馬場　「状況終了」のとき、私は、擬装用のネットを被って食事をとり、「そろそろ行くか」という状態でした。思い出しました。「状況終了」後、突然土砂降りになりました。ものすごい雨でした。雨に打たれ、頭を冷やしたせいか、それでやっと正気に戻りました。

二見　雨に打たれて、我に返ったわけですね。突っ込んだのですが、戦闘結果としては、戦力的にとんとんで終わっていました。

馬場　そうらしいですね。とんとんだったと聞きました。

二見　突入しなかったら勝ちでしたね。相当ターゲティングの効果があったわけですね。

馬場　あと2時間、ターゲティングを続けていれば、終わらせられていたのですね。

二見　元海上自衛隊の特別警備隊の伊藤祐靖氏も、当時のことをすごく悔しがっていました。「二見さん、あと一歩のところまできて、どうして突入したのですか」と会うたびに言われます。

「突撃しなければ、ＦＴＣに40連隊が勝っていましたね」と、彼は今でも私以上に悔しがります。

column-❹

馬場中隊長との後日対談　突撃の真相

第7章

強さを追求していく仲間達

40連隊の仲間たち

15年の年月が過ぎ、本書を作成するに当たって、馬場元中隊長へ同じ質問をしてみました。すると、馬場元中隊長から、当時と同じ答えと、回想録を手渡されました。

「突撃が身体に染み込んで気がついたら突入してしまった私のようにならないため、これからの隊員を練成しなければならないと思います」とも、付け加えられていました。

40連隊の見えない戦士の頂点に立つDは、斥候として今までどのように訓練を積み上げ、今回のＦＴＣとの戦闘に参加したのか、次のように回想しています。

私は情報小隊配属以来、斥候員として最高の技術を身につけたいと思い、その一心で、あらゆる訓練を行ってきました。

私にとっての斥候とは、仕事であり、趣味であり、まさしくライフワークでした。四六時中、斥候のことばかり考えていました。そんな中、二見連隊長にスカウトを学ぶ機会を与えてもらい、とても感謝しています。スカウトを学び、私の斥候としてのスキルは随分と向上したと思います。そんな私にとってのＦＴＣとは、今まで訓練してきたことの確認の場でした。

潜入間、嫌な予感がして止まると足元には対人地雷と、遠くに、私がいるところを監視する歩兵が確認され、私に同行したＯＣからは

「よく気がつきましたね〜、罠にひっかかるか狙撃されるかどっちかなぁ〜、って思いましたよ」と言われました。スカウトを学び、言葉では表しにくい感覚が身についてきたのを実感したときでした。

また、潜入経路についても、まさかここを人が通らないだろうという経路を選定していました。なぜならば、そこに隙が生まれるからです。

「氣をみて虚をつけ　恐るな　侮るな　考えすぎるな」

この言葉は忍者が潜入するときの極意だそうです。潜入するときは、いつもこの言葉のとおり実践していました。

ＦＴＣで悔しかったのは、敵の前線を通過して敵陣の後方に回り、敵の移動式指揮所を発見したので「ターゲティング」を行い、敵の指揮官を仕留めようとしたところで状況が終了したことでした。

あと少し早ければ…。とにかくスカウトを学び、ＦＴＣでは斥候員として戦死することはなくなりました。しかし、まだまだ足りないところがたくさんあります。私の師匠Ｓ氏からは、

「スカウトとは、技術ではなくスカウトという生き方だ」と言われました。私は今もスカウトです。そして、これからもずっとそうです。

今は斥候員としてＦＴＣに行くことはなくなりましたが、今後は後輩たちに少しでも伝えていけたらと思っています。最後に、私をここまで育ててくださった皆様に感謝しています。ありがとうございました。（スカウトＤ談）

ＦＴＣの陣地へ戦闘展開していた２個小隊長の１人にＹ小隊長がいます。Ｙは、チームをまとめる能力が高く、「40連隊に戦闘技術の負けはない」という言葉に命を懸け、戦いでは負けることのない男でした。Ｙは、次のようにＦＴＣとの戦闘を回想しています。

約15年前、「まっ、まさかのＦＴＣ対抗戦の小隊長」に抜擢され、慌てふためいたことを思い出します。「40連隊に戦闘技術の負けはない」を肝に銘じ、Ｘデーまでの残された時間を仲間とともに、「いかに勝つか」について知恵を絞り訓練を重ね、状況開始のときを迎えました。

敵陣地正面から攻撃する小隊として、欺騙活動（複数小隊の存在）の任務を任され、「ローラー作戦」と銘打ち、敵前を横行したり、あるいは後退したりと、通常ではあり得ない戦法で戦いました。

その間、ＦＴＣに対してのターゲティングを実施するとともに、適宜、損耗を与えつつ敵前まで前進。その接近距離は、敵兵の肉声を聞くことができるほどでした。この間、我が小隊の損耗を最小限に食い止め、順調すぎるくらいの展開でした。

しかし、敵第一線陣地を隠密に偵察し、その偵察結果を本部へ報告しようとするも、この重要な時に、無線が途絶してしまい、部隊は孤立した状態に陥ってしまったのです。林内から小移動などをして再度通信を試みるも、通じません…。

もちろん、ターゲティングのための射撃要求もできません。「なんとかせねば」と焦れば焦るほど、我が小隊員の不安や、士気の低下、体力の消耗が目に見えるようになりました。真に状況判断を迫られたまま、呆気なく状況が終了しました。絶好の好機を逃し、悔しい思いが今でも込み上げてきます。

あのとき、どうするのが最善の方法だったのか、どうすれば「40連隊に戦闘技術の負けはない」を具現できたのかについては、幹部必読の書『野外令「指揮官の自主積極的な任務遂行」』に次のように明確に答えが書かれてありました。

「指揮官は、状況の急変により命令を受領できない場合において、全般状況を考察し、与えられた任務に基づき、最良の方策を決定し、自主積極的に任務を遂行しなければならない。特に、通信が途絶した場合、打開策を講じ、自主的に行動することが重要である」

勉強不足を痛感しました。これをきっかけに、あまり好きではなかった勉強を真剣にするようになりました。戦闘では悔しい思いをしましたが、自衛官人生にとって大切なことを学ぶことができたと感謝しています。

最後に、ＦＴＣで戦った戦友は、今でも一生の宝であり心の拠り所です。これからの人生の糧として大切にしていきたいと思います。（Ｙ小隊長談）

馬場中隊長からの、将来の40連隊へのメッセージ

今回の戦闘を振り返って、２００３年の後半から二見連隊長と積み上げてきた実戦で戦える部隊の練度を判定するよい機会を与えていただきました。戦闘団訓練検閲（ＲＣＴ）、指揮所訓練（ＢＣＴＣ）、ＣＱＢ、戦闘射撃の訓練でも敵を叩き潰すための創意工夫が点から線へと繋がり、真に戦える部隊の育成に繋がっているのだと認識をしました。そして、隊員の生き生きとして闊達な行動は、40連隊の強さを支えるものだと思います。これまで培って

きた戦法や戦い方は、間違いなかったことを確信したのです。
40連隊の戦法はまだ始まったばかりであり、５年、10年、さらにその先へと積み重ね、最強の戦闘集団ができ上ると信じています。飽くなき実戦の追求と、隊員１人１人が何をどうすれば敵に勝てるのかということを真剣に考察し、実行に移していくことにより、常に進化を続けなければ勝利は掴めません。40連隊は、日進月歩する敵に対して、これまでの戦い方に留まることなく、柔軟な発想と実行力をもって、さらなる高みを目指していただきたい。柔軟な発想と実行力をもって世界一の部隊を目指してほしい！と願っております。（馬場中隊長談）

私が連隊長の間、連隊本部の重要幕僚に石田３佐がいました。彼は、40連隊の作戦運用・教育訓練全般を補佐する３科長として、私の右腕となって大活躍した男です。彼は、巨大なエンジンとなりフル回転を続け、「40連隊に戦闘技術の負けはない」という意識をつくり上げていきました。そして、彼は、私が夢を語ると、次の日には、「こういう形で進めます」と、私の夢を形にし、必ず実現してくれました。

次に、石田３科長の回想「連隊長との出会いからＦＴＣとの戦いまで」を紹介します。

それは、平成16年7月のことでした。当時40連隊の2中隊長だった私に、当時の3科長が、「この8月に連隊長になられる8師団の3部長に会いに行くんだけど、中隊長も一緒に来ないか？」と誘いを受けました。

この3科長は前職で8師団司令部勤務であったことから、さまざまな破天荒な行動をとる3部長の話は以前から伺っており、いったいどのような人物なんだろうという、「怖いもの見たさ」という感じで、「是非に」と回答し、同行することとなりました。

そして、8師団司令部を訪れ3部長室に入った瞬間、我々（ほかにもう一人中隊長が同行した記憶があります）を一瞥した連隊長は、表情を一切変えず、ぼそっと「面白そうなメンバーだな」とつぶやきました。その瞬間、ぞくっとする恐怖感と、これからいままで想像だにしなかった何かが始まるのだという期待感を、同時に感じたのが連隊長の第一印象でした。そしてそれが、「自衛官人生においてもっとも濃い2年半」の始まりでした。

まもなく着任された連隊長は、さまざまな形で、我々が何もわかっていなかったことを立証されました。それを集約する言葉は一つ「遊びの時代は終わりだ」でした。

そして、遊びの時代に別れを告げるための大きな第一歩となったのが、ナガタ・イチローさんの連隊来訪でした。当時、まだまだ実戦レベルではないにせよ、40連隊は、北九州市小倉北区の曽根訓練場での市街地訓練を全国にお披露目し、この分野では陸自でのリードオフマン的な存在ではあるという自負がありました。その連隊の主要メンバーを前に、アメリカから来たというおじさんは、おもちゃ（と認識していた）のエアガンを手に「このままでは大変なことになるから見かねてきた」、「私は陸上自衛隊の幹部は、大嫌いだ」と宣言しました。「何言ってんだこのおじさん」と思う間もなく始まったデモンストレーションは、驚愕の一言でした。さらに驚愕だったのが連隊長の言葉「ナガタさんの技術すべてを連隊に教えていただきたい」でした。もちろん「連隊長」が他人に頭を下げる姿を見た最初でした（というよりもそれ以降にも見た記憶がありませんが）。そして、40連隊の新たな時代が始まりました。

そして、徐々に「新たな時代の訓練」が始まった平成16年、中隊長としては異例の丸3年満了を控え、上級部隊への転属の打診を受けていた私を連隊長が連隊長室に呼び出しました。

「いよいよ行き先が決まったか」と思っていた私に、投げられた言葉は

「3科長の後任候補に40代の部内幹部出身者が上がっている。おれの考えややり方を、部内出身の40代の奴が理解できると思うか？」でした。

3科長は、連隊にとって防衛・訓練の要で、3科長が理解し、その考えを形にしないということは、物事が進まないということになります。私は即座に

「難しいでしょうね」と返しました。

するとそれに続いた驚きの一言は「お前がやれよ」でした。その瞬間、頭では「おれも部内出身だし、年齢も40を超えているのに。それ以前に、陸上自衛隊の常識として、中隊長から直接3科長へなることはありえんだろう。それより、なによりこれを受けると大変な任務が待っている」と考えつつも、「はい、やってみたいです」と返事しておりました。

自覚はなかったのですが、「変革しつつある40連隊を去りたくない。この連隊長の下で強い部隊を作りたい」という私の魂がそう言わせたのだと後になって強く思いました。

そうして、着任した3科長ですが、連隊長は自衛隊の教育期間で教える指揮官が行う統率とは違った形で連隊を率いていかれました。

私が自ら連隊長室に行くことはまれでした。その代わり、連隊長は頻繁に3科に来て、私の机の正面のソファーに座り、

「あのさー、隊員が知らない実際の建物1棟を使って、立てこもった敵の掃討のための訓練やりたいんだけど」などとつぶやきます。それに対し、私なりにこれまでの陸上自衛隊の常識ではありえない方法を見出し、

「先日の件ですが、師団がクレームをつけると思いますが、このような方法ならあります。

やっていいですか?」と問うと、

「どうするか検討しろとは、言ってない。こうしたいと言ってるんだ。いつも、何でもやっていいと言ってるだろう。いちいち聞くな」とおしかりを受けました。そして、それ以降、中間報告も求められませんでした。それは誰よりも連隊長が、現在の状況について情報収集しておられたということもありますが、直感で把握しておられたからでした。それくらい2年半、連隊長と私のベクトルがずれることはありませんでした。それはただ一つ「部隊が強くなるためには、どうすればいいか」でした。

その結果が、エアガンを活用した駐屯地内訓練、陸海空自衛隊や海上保安庁、福岡県警(ＳＡＴ含む)、埼玉県警などを迎えての訓練、民間人とのサバゲーイベント、空自基地内での部隊訓練検閲や分隊対抗競技会であり、部外インストラクターを招致したスカウト訓練、師団の対抗演習で協同の戦車大隊を丸々ダミーとして主攻撃方向を偽装してまで仕組んだ中隊クラスのスカウト行動とターゲティング検証でした。そして、それらを集約して挑んだのが、ＦＴＣ訓練でした。

連隊長が着任した次の年から、連隊は4年連続(と記憶しております)ＦＴＣに挑戦しました。通常では、2~3年に1回のＦＴＣに毎年参加できたのはなぜか?それは、ＦＴＣ

から逆指名を受けたからでした。

その2回目が、馬場軍団を派遣した訓練でした。そのころには、「ターゲティング」も中隊規模まで浸透し、個々の「スカウト技術」も高まり、その中でも情報小隊の一部には敵陣に3日間潜み続けても耐えられる高等技術者も育成ができていました。

それらを最大限生かすべく、馬場中隊長と編成と練成要領について検討しました。その中で重点として考えたことは、「連隊火力調整所レベルの情報分析と火力調整能力を持った中隊本部とそのために必要な情報を収集できる情報機関の編成」、「小隊レベルで、スカウト、ターゲティングを総合的に駆使できる小隊長の練成」でした。このような小隊長は、この時点で全自衛隊を探してもいるわけがなく、何度かの訓練で練成するしかありませんでした。しかし、割り当てられた訓練場は極めて制限されていました。

幸いなことに、当時の3科には、他の連隊が訓練場確保に苦慮する中、魔法のように空いている訓練場を調整できる訓練幹部と担当陸曹の名コンビがおりました。彼らの謳い文句は、「お宅の訓練検閲を40連隊もお手伝いします」でした。すでにその名が轟いている40連隊と訓練できる。当時、乗ってこない部隊はほとんどありませんでした。そして、その訓練検閲の場を借りて小隊の練成を行いました。

余談ですが、いくつかの部隊長からは「うちの隊本部は実戦の意識が薄いので、思い知らせてやってほしい」というリクエストがありました。そのような部隊の対本部の指揮官は、気づかないうちに首筋にナイフを突きつけられるという貴重な経験ができるという幸運に恵まれました（突きつけたナイフは模擬ナイフと聞いていますが、真相は知りません）。

そして、完全とはいえないまでも、ＦＴＣと戦えるレベルとなり、勇躍北富士へと向かいました。

状況開始後、予定通り情報部隊が敵に気づかれることなく潜入を果たすなか、各小隊も敵主陣地後方へとスカウト技術を駆使して潜入していきました。ＦＴＣの統裁センターには、潜入しつつある部隊情報が表示されておりましたが、これまでにも迂回をしようとした小隊をことごとく壊滅した経験から、まったく脅威と捉えていないようでした。

ところが、いままで狩る側だった敵の情報部隊が、潜入した我が情報部隊の情報に基づく火砲射撃や狙撃でつぶされ、巧妙な技術で潜入する迂回部隊の行動を一切つかめないままに、３個小隊がほぼ無傷のまま、敵の後方に完全に回り込みました。

その時のＦＴＣのあわてようはいまでも忘れません。深夜に突如、統裁センターにセンター長の

「どうなっているんだ。状況を整理して報告しろ」という大きな声が響き渡りました。

　多分いつもの運用では夜間に戦況が動くことは少なく、センター長以下主要なメンバーは仮眠などで統裁センターにいなかったのだと思います。そして、状況を見守っていた担当は、途中で壊滅するはずが、あれよあれよという間に迂回してしまった馬場軍団の状況を報告しないわけにはいかず、仮眠中のセンター長を起こすという普段ならあり得ない状況で報告をしたのだと推察されました。しかし、時すでに遅し、潜入した小隊は後方からの攻撃準備を進め、すでに敵陣内に潜入をはたした情報部隊とのターゲティングの網も確立されておりました。もちろん、ＦＴＣの防御部隊は中隊主力の迂回に気づいておらず、ＦＴＣの歴史が変わる瞬間がもう少しというところまで来ておりました。

　ところが、3個小隊中の1個小隊が、突如小隊規模で前進を開始し、これがＦＴＣの防御部隊にも察知されました。さすがなのは百戦錬磨のＦＴＣ部隊。瞬く間にそこまで準備していなかったはずの逆方向に配備変更し、迎え撃つ態勢を短時間に整えました。そして、その行動でかろうじてＦＴＣの防御は持ちこたえることとなりました。

　この小隊長は、敵のわずかな動きに小隊が見つかったと誤判断して、それならば速やかに態勢を整えて攻撃に移ろうとしたのでした。この小隊長こそ今回の訓練でただ一人、連隊が期待するレベルまで小隊運用能力を高めることができなかった小隊長でした。

しかし、私自身中隊長時代に１回、３科長として３回ＦＴＣの統裁センターで統裁の様子を見る機会を得ましたが、あの当時、あそこまでＦＴＣを追い詰めた部隊はなかったと断言できます。それくらい、馬場軍団は部隊としての完成度は高いものでした。

その後、連隊長は交代され、部隊の戦い方の形態は、「陸自の常識？」に先祖返りしていくこととなるわけですが、その当時の中堅陸曹クラスが幹部となり、他の部隊を経験して、幕僚や中隊長として戻ってきており、私自身も彼らと年に数回酒を酌み交わしながら、「強くなるためにはどうすべきか」を話す機会に恵まれております。その他にも、その当時の県警関係者、民間の協力者ともいまだによき関係にあるのも、連隊長が目指した「最強の部隊の追求」の思いと心の火が消えていない証左と思います。（石田３科長談）

ＦＴＣのメンバー

ＦＴＣの対抗部隊は、40連隊と真剣勝負で対応してくれました。数々の戦闘場面を振り返ると、ＦＴＣの対抗部隊は、連日厳しい訓練を行ってはＡＡＲを行い、修正を加えることを繰り返しながら、いかなる状況に陥っても、戦い抜ける訓練を積み上げてきたことがわかりました。

砲迫火力は友軍相撃を防止するため必要な安全距離をとりますが、コントロールセンターでＦＴＣ部隊の行動を確認していると、陣地からＢＴＲに乗車して離脱する場合、陣地から離脱をするのと同時に40連隊の隊員がＦＴＣの陣地に突入してくるのを阻止し、撃破するための砲迫火力を要求する場面がありました。

この状況をコントロールセンターで確認し、嬉しくなったことを覚えています。ＦＴＣの離脱行動は、離脱＝砲迫による火力打撃を意識して行っており、離脱の瞬間に砲弾が着弾するためには、陣地に展開している隊員がＢＴＲへ素早く乗車する反復訓練、ＢＴＲをどの位置に止めても隊員は戦闘を継続しながら乗車できるレベルの保持、離脱部隊の火力要求と火力戦闘部隊との絶妙な連携が必要となるからです。

ＦＴＣの隊員は、ＢＴＲ乗車訓練、火力との連携訓練を行っては、ミーティングで不備事項を話し合い、また訓練を行うことを相当繰り返しているはずでした。実戦で効果を発揮させるために、相当細かいところまで詰めては訓練し、訓練しては詰めてを繰り返していました。チーム全体が一丸とならなければ、このような行動はできません。

訓練部隊の理解を超えるほどの厳しい訓練を行って結果を出してきたことは事実であり、

ＦＴＣ部隊は日本全国から来る部隊に胸を貸し続けてきました。

私は純粋に、このようなことを続けているＦＴＣの部隊は、凄い部隊だなと思いました。そして、幸せな部隊だなとも感じました。常に強さを追求するのは、40連隊と同じであり、仲間だと思いました。もしかしたら、ＦＴＣも40連隊に対して同じ感情を持ってくれていたのかもしれません。

「前進」せよ

高い戦闘技術を有する40連隊の隊員たちは、今回、粘り強く戦闘を行い、ＦＴＣをあと一歩のところまで追いつめましたが、ＦＴＣの陣地へ突撃を行ったことにより、1個小隊規模の人員が30分もかからずに吹き飛んでしまいました。いくら高い性能を持つ隊員を育成しても、敵陣地へ突撃する戦い方をした場合、簡単にやられてしまうことが証明されたわけです。敵がかなり残っていても、時間がないからといって突入を選択することは無謀であり、行っても意味のない結果が待ち受けていることがわかります。すでに、多くの部隊が同じことを行い、十分なデータが取れているので、同じことを繰り返しても意味がありません。

もし、もう一度戦うことができるのであれば次のようなことを検証してみたいと考えていました。それは、時間があり十分に火力を発揮できる場合、「どこまで敵を叩けばこの戦い方（突撃）は可能となるのか」という陣地攻撃の課題を明らかにすることです。

これがわかれば、突撃を行うべきか、やめるべきかの判断基準を持つこともできます。また、もしかすると、この戦いは現代では通用しないということがわかるかもしれません。

この検証は、さらにパワーアップしたＦＴＣと40連隊で行いたいと思いました。しかし、連隊長でいられる時間は限られていたので、チャレンジすることはできませんでした。

また、40連隊の「ターゲティング」と「ＬＲＲＰ」という戦法を継続していくと、防御部隊をどこまで破壊することができるのか、２つの戦法だけでは不十分な部分はどこなのかということもＦＴＣと戦って検証してみたい内容です。

このような形で、「できないこと」をいかにすれば「できる」ようになるのか、突き詰めていくだけでも、攻撃にいろいろなバリエーションが生まれるはずです。さらに、新たな戦法を作ることができれば、部隊は状況に合わせ、もっとも効果的な戦い方を選択できるようになることでしょう。

40連隊は、全隊員が「前進」を合言葉にして、突き進んでいきました。壁にぶち当たったとき、苦しいとき、迷ったとき、悩んだとき、常に行動指針となったのが、「前進」でした。

まず、最初の一歩を踏み出してみてください。次の扉が開き、世界が変わっていきます。

「40連隊に戦闘技術の負けはない」

「前進」あるのみです。

馬場中隊長との後日対談

突撃訓練を行う必要はない

馬場　二見連隊長が人事異動で40連隊を去った後、突出した40連隊を元の普通の部隊にしようとする力が急激に働きました。戦闘技術に特化した40連隊の状態を潰して普通の部隊にしなければならない人たちがいたことが、残念でなりませんでした。逆に、彼らはそれで、これから一体何をしたいのかと思いました。隊員も、今の状態を続けようとして、ずいぶん反発しました。しかし、現実は残酷でした。時が経つにつれて、40連隊は、普通の部隊になっていったのです。

二見　大きい組織は、統制を重視するため、普通並びの部隊のほうが管理しやすかったのでしょう。

馬場　普通の部隊にしようとする彼らの頭の中のイメージは一体どのようなものなのか、疑問に思います。結局は、自衛隊は戦わない組織なのだから、突出する部隊を作る必要もないし、厳しい本物のオペレーションをする必要もないと考えているのではないでしょうか。ただ管理しやすい、部隊を維持するというだけであったら、隊員は決して充実した気持ちにはならないでしょう。

二見　そう思います。

馬場　何のための統制なのか、管理しやすいというところに意味があるとは感じられません。戦える部隊を育成していかないで、一体何を教育訓練に求めているのでしょうか。40連隊は、みんなで戦える部隊にしたのに、それを駄目っていう人たちがいることが、陸上自衛隊の不思議で独特な世界であると、いつも感じていました。

　当時の実戦主体、オペレーション主体の訓練を続けながら人材を育成していくことができていたら、凄い部隊になったと思います。あのまま、5年、10年継続できれば素晴らしいと思っていましたが、連隊長が交代したときから、１８０度、方向が変わってしまったのです。私も、石田３科長とも一緒に戦いましたが、全然、話にならない状態でした。隊員のやる気をまったく察してもらえる状態ではありませんでした。

二見　やる気があるメンバーに方向を示して、トライ&エラーを繰り返しながら、力をつけて予想以上の成果を生み出すものだと考えています。

「いいから、自分の言うことを聞け」というやり方に利点はありません。

小倉駐屯地創立63周年記念行事の模擬戦で、最後は、第二次大戦と同じやり方の匍匐前進後、歓声を上げながら突撃を行いました。現代戦では、突撃を行うと大きな損耗が出るのは間違いありません。第二次大戦のときとは、銃の性能も大きく変わったからです。

当時、地雷原を走り抜けた兵隊は、横一列に展開して敵陣地へ突撃していきました。防御部隊は、機関銃や小銃で応戦しますが、応戦しきれない場所から突撃した兵士が次々と陣地内に飛び込んでいきます。そこから陣地内の敵兵を銃剣で倒すことによって、防御部隊に空いた穴が広がっていき、防御が崩壊して、というものでした。

この戦闘は、兵士を損耗させ、犠牲にしながら量の多さで敵を圧倒するやり方です。今の戦闘でこれと同じ考え方をして戦うのは、無理があり、変えなければなりません。

しかし、陸上自衛隊は、今でも、この方式を教範で記述し、防大生、新隊員、部隊の訓練でも行っているのです。疑問をなぜ持たないのか不思議で仕方ありません。

そして、突撃訓練を長い間行うことによって、知らずしらずのうちに身体に染み付いてしまうわけです。そうなると、習慣のようになってしまい、頭も身体も自然に動くようになってしまいます。

隊員は、訓練で突撃を命じられるからやっているわけで、突撃を行ったら駄目だということはわかっています。自衛隊は戦うこともないので、まあしょうがないと従っているのでしょう。この訓練しかしていないと、実戦になったとき、大切な隊員を多く失うことになります。他の戦い方を知らないからです。

column-❺

馬場中隊長との後日対談　突撃訓練を行う必要はない

馬場　隊員は、わかっています。

突撃したらやられるっていうのは、当たり前じゃないですか。その突撃をやろうとすること自体、間違っています。みんなが「おかしいな」って思いながらも、教範ではこうだからということで思考停止をしてしまい、修正しないまま続けてしまっているのが実情だと思います。

そもそも、教範の考え方自体が、突撃ありきではないでしょうか。最終の形が突撃であれば、突撃を行うために部隊はどのように動いていけばいいかという観点で、教範全体が整合性を保ちながら作成されていくはずです。突撃を外すとなると、陣地攻撃自体の考え方と記述要領を大幅に見直さなければなりません。そのため、なかなか変え切れないのかもしれません。

そうこうしているうちに、突撃が隊員の身体に染み込んでいき、習慣化していってしまうのです。

今まで陸上自衛隊が行ってきた陣地攻撃の訓練は、防御の一番強固な場所を攻撃する正面突破ばかりでした。攻撃は、まず、迂回と包囲を考えなければなりません。防御部隊は、戦力が少ないから守るのであって、側面や後方など弱いところが実は多く存在します。小迂回を繰り返しながら敵が準備していないところを攻撃するような戦い方が、一番損害が少なく攻めやすいはずです。

私が、ＦＴＣで行った戦い方では、これを実現しようとしたわけです。防御部隊の後ろ側に回って攻撃の態勢をとり、敵を見つけては火力で潰していけば、突入する必要はありませんでした。それが正解だとわかっていたのですが、やはり、入隊のときから習ってきた、最後は突撃ということが身体に深く染み込んでおり、攻撃の最後の段階で、躊躇なく突撃を行ってしまいました。

二見　何か、洗脳教育をイメージしてしまいます。教育の恐ろしい部分ですね。

馬場　そうかもしれません。最後は突撃ありきなのです。最後に戦闘を決するのは突撃して陣地を占領することだと、それが正しいことだと思ってしまいました。

二見　これからの戦いを考えると、部隊が火力と機動力を発揮してぶつかり合い突撃するような大きな平原で行う戦争形態にはならないでしょう。最小限の被害で、戦争目的を達成できる戦争形態が主流になっていくと考えられます。ハイブリッド戦争は、これから典型的な戦争形態になると思います。

　また、ほとんどの戦闘が市街地で起きているのが最近の戦争の特徴です。突撃は、１つの戦い方の引き出しとして持っておくことは良いと思いますが、各種戦闘要領、戦法を開発し、状況に合わせて運用できるようにしておく必要があります。

馬場　戦いの考え方を根本から変えなければならない時期が来ていると思います。消耗戦のような戦い方は変わらなければならないと思います。

column-❺

馬場中隊長との後日対談　突撃訓練を行う必要はない

二見　陣地攻撃で目指すところは、全部、特科の砲撃で耕してきれいにしてから、ゆっくり安全を確保して防御地域に歩を進めるべきです。しかし、国土戦を考えると、砲弾で日本の街を粉々にすることが許されるかどうかも疑問があります。

馬場　徹底的に破壊してから進入するように、教範を改正したらいいと思います。

二見　そういう議論をしようとすると、時間があれば徹底的に破壊できるが、敵の増援部隊が到着するまでに時間がないから増援が到着する前に敵の防御部隊を撃破しなければならない場合がある、と反論されます。

その考えの根底には、敵が大船団で日本に上陸してくるということが前提にあり、あらかじめ敵の兵力の規模や戦場到着予想時間がわかるものだという考えや、戦いの場は大部隊が決戦を行う場面であるという考え、そして隊耗の損害はあまり重要ではないという考えなどがあるはずです。現代の戦闘とは別次元の場面で考えているとしか思えません。枠組みを変えないままなので、敵の増援が来るから時間がないので突入しないと間に合わないっていう、訓練の場面が今でも残ってしまうのでしょう。

陣地攻撃の訓練を行っていたとき、上司や教官から決まって、「なんで突入しないのだ。ぐずぐずしていると敵が来てしまうぞ」というような内容の指導をよく受けました。

幹部のお家芸といわれる戦術教育でも、「今突撃して損害が出ても、○○高地を占領して2日後に敵の主力部隊が来ても、○○高地を確保して防御準備を進めることができ、味方の主力が来るまで持ちこたえることができれば、主力と主力の決戦を行うとき、味方が有利な態勢を確保できる」という考え方を教えられました。

いつも、時間がないという場面でいかにすべきかを考えさせる教育が、主流であったと思います。戦いの場は、大部隊が決戦を行う戦い方を学ぶ、考え方や論理の一貫性を学ぶ教育でもありました。しかし、初級幹部のときから、時間がない場面ばかりを前提に戦術教育と訓練を行っていたので、幹部は戦術と訓練の両面で身体に染み込んでいるのではないでしょうか。

馬場　そうですね。まさに時間に縛られています。ですから、最後は何時何分突撃、と考えて行ってしまうのかもしれません。恥ずかしながら、私も連隊長からあれだけ「突入するな」と言われていたのに、何か気持ちよく行ってしまいました。

二見　特科の砲弾を徹底的に撃ち込み、全部耕した状態の中、普通科が前進していく状態が良いはずです。しかし、いつも急がなければならない状況なので、まだ戦う気力が満々の多くの敵が残っているところに、一列縦隊で地雷原を走り抜けて突撃をしようとします。防御部隊は、一列縦隊で接近してくる隊員に対し狙いを定めて引き金を引いていれば、次々にその射線へ隊員が走り込んでくるというわけです。

ＦＴＣの画面の映像で突入している状況を見ていると、防御部隊が射撃している状態が、線で表されます。至近弾は点線で出て、命中すると実線で射撃の状態が表示されます。

column-❺

馬場中隊長との後日対談　突撃訓練を行う必要はない

攻撃部隊が突入を開始すると、実線で表される射線が、ずっと表示されたままの状態になります。射線が隊員に命中するたびに、隊員が画面から消えていくのです。

それを見ていると、この戦い方は果たして正しいのか、敵を倒すことができるものなのか、何のための訓練なのか、と感じてしまいます。返ってくる答えは、「指揮手順を学びます」です。教範の大幅な改善が必要だと思います。

馬場　もう胸の中にしまっておこうと思っていたことを話させていただきました。重要な場面で、普段絶対に選択をすることのない、習性になっていた突撃を無意識にしてしまったという私の経験と教育訓練への問題認識です。

私にとっては、連隊長や連隊の仲間たちと「40連隊に戦闘技術の負けはない」ということを追求していた頃が、自衛官人生の中で一番充実していた時でした。現在の隊員も、あのときの私たちのように、壁を取り払い、自由に強さを求めることをしてほしいと思います。これは、凄く楽しく充実感を覚えることだからです。

二見　久し振りに熱く語り合いましたね。これで終了にします。ありがとうございました。

馬場　ありがとうございました。連隊長、お元気で。

おわりに

「どうしたら部隊は強くなるのか」について、ブログで書き留めたものを１つの形にまとめようと考え、ＣＱＢ編としてKindleの電子書籍『40連隊に戦闘技術の負けはない』を作成しました。次に、スカウト編として『40連隊の見えない戦士たち』を出したところ、これが出版社の目に留まり、書籍化されることになりました。

そして、念願の40連隊シリーズの書籍化が始まり、第１弾『自衛隊最強の部隊へ―潜入・偵察・サバイバル編』、第２弾『自衛隊最強の部隊へ―ＣＱＢ・ガンハンドリング編』を連続して出版するチャンスをいただきました。

『自衛隊最強の部隊へ』シリーズの出版をきっかけに、これはＦＴＣとの戦いを描くための機会をいただいたのではないかと感じるようになりました。ＦＴＣとの激烈な戦闘は、必ず書かなければならないという思いはあったものの、なぜか筆が進みませんでした。

しかし、その時は、自然な形でやってきたのです。

電子書籍『戦闘重心を破壊せよ―40連隊の新戦法開発編』を書き終わったときに、それまで心の奥にしまっていたＦＴＣと40連隊との戦いを書こうと決意できたのです。

40連隊の新戦法の開発でシリーズを終わることはできないという気持ちが強くなり、ついに「書かなければならない」から「書きたい」という気持ちに変化し、ストンと心に落とし込まれたのです。そして、今回ＦＴＣと40連隊との戦いを余すところなく書くことができたと思います。

『自衛隊最強の部隊へ』シリーズでは、実戦で威力を発揮するために40連隊が追求してきたことについて記述してきました。私は、各部隊それぞれが自衛隊最強の部隊となる可能性があると考えています。部隊・隊員の意識が変わり、行動が変われば、どの部隊も実戦に強い部隊を育成できると思うからです。

『自衛隊最強の部隊へ』シリーズのもう１つの側面として、現在の自衛隊に対する応援の気持ちを込めて書かれています。本書を、最強の部隊追求に役立てていただければ幸甚です。

二見龍

二見 龍

防衛大学校卒業。第8師団司令部3部長、第40普通科連隊長、中央即応集団司令部幕僚長、東部方面混成団長などを歴任し陸将補で退官。現在、株式会社カナデンに勤務。Kindleの電子書籍やブログ「戦闘組織に学ぶ人材育成」及びTwitterにおいて、戦闘における強さの追求、生き残り任務の達成方法等をライフワークとして執筆中。著書に『自衛隊最強の部隊へ－偵察・潜入・サバイバル編』、『自衛隊最強の部隊へ－CQB・ガンハンドリング編』（いずれも誠文堂新光社）がある。

ブログ：https://futamiryu.com/　Twitter：@futamihiro

デザイン　鈴木徹（THROB）

校正　越湖雄次

無《む》敗《はい》の最《さい》強《きょう》部《ぶ》隊《たい》を殲《せん》滅《めつ》せよ！

自《じ》衛《えい》隊《たい》最《さい》強《きょう》の部《ぶ》隊《たい》へ

—FTC対《たい》抗《こう》部《ぶ》隊《たい》編《へん》

2020年9月23日　発　行　　NDC391

著　者　二《ふた》見《み》龍《りゅう》

発行者　小川雄一

発行所　株式会社 誠文堂新光社

〒113-0033 東京都文京区本郷 3-3-11

［編集］電話 03-5805-7761

［販売］電話 03-5800-5780

https://www.seibundo-shinkosha.net/

印刷所　星野精版印刷 株式会社

製本所　和光堂 株式会社

ISBN978-4-416-62054-0